本书获得财政部和农业农村部：国家肉牛牦牛产业技术体系资助

（项目编号：CARS—37）

ROUNIU GUIFANHUA
YANGZHI JISHU

肉牛规范化养殖技术

梁小军　侯鹏霞　张巧娥　主编

黄河出版传媒集团
阳　光　出　版　社

图书在版编目（CIP）数据

肉牛规范化养殖技术 / 梁小军，侯鹏霞，张巧娥主编. -- 银川：阳光出版社，2022.6（2023.10重印）
ISBN 978-7-5525-6346-7

Ⅰ. ①肉… Ⅱ. ①梁… ②侯… ③张… Ⅲ. ①肉牛－饲养管理 Ⅳ. ①S823.9

中国版本图书馆CIP数据核字(2022)第097170号

肉牛规范化养殖技术　　梁小军　侯鹏霞　张巧娥　主编

责任编辑　马　晖　郑晨阳
封面设计　赵　倩
责任印制　岳建宁

黄河出版传媒集团
阳光出版社　出版发行

出 版 人　薛文斌
地　　址　宁夏银川市北京东路139号出版大厦（750001）
网　　址　http：//www.ygchbs.com
网上书店　http：//shop129132959.taobao.com
电子信箱　yangguangchubanshe@163.com
邮购电话　0951-5014139
经　　销　全国新华书店
印刷装订　宁夏银报智能印刷科技有限公司
印刷委托书号　（宁）0027436

开　本　880 mm × 1230 mm　1/32
印　张　6.75
字　数　170千字
版　次　2022年6月第1版
印　次　2023年10月第2次印刷
书　号　ISBN 978-7-5525-6346-7
定　价　32.00元

前　言

改革开放以来，畜牧业发展较快，已成为国民支柱产业之一，养牛业作为畜牧业的重要产业，关系到整个畜牧业的健康发展。我国肉牛养殖起步较晚，整体科学化水平较低，养殖技术跟不上产业快速发展的步伐，对肉牛养殖的科学规律缺乏清晰的认识，造成肉牛生长速度慢，养殖效益欠佳。因此，如何规范肉牛养殖技术，提高牛肉的产量和质量，从而更好地适应牛肉供求市场，已成为我国肉牛养殖业急需解决的问题。

科学化、规范化的养殖便于实现标准化管理，有效提升肉牛疫病防控能力和效率，降低疫病风险，提高养殖生产效率，保证牛肉质量和安全，增加养殖效益。具体体现：一是转变肉牛生产方式，提高生产效率、生产水平，增强综合生产能力，增加养殖户收入；二是可有效提升肉牛疫病防控能力和效率，降低疫病风险，确保人畜安全，节约资源；三是可从源头上控制对牛肉产品质量安全，提高产品质量安全水平；四是可使肉牛粪污集中有效处理、资源化利用，保障肉牛产业与环境和谐发展。

本书从肉牛品种选择、饲草加工调制、饲养管理、牛场建设及粪污处理等环节规范了肉牛养殖，旨在推进肉牛整个饲养过程更加科学化、合理化和规范化，为人们提供更加安全、高质牛肉的同时提高肉牛出栏率，提升养殖效益，进一步推动肉牛养殖业的持续健康发展。

目　录

第一章　国内外主要肉牛品种

现代养牛生产中所使用的不同种类的牛可根据经济用途分为乳用型牛、肉用型牛和兼用型牛。全世界有60多个专门化的肉牛品种，其中英国有17个，法国、意大利、美国、苏联各11个。这些并不包括乳、肉或肉乳兼用品种和某些产肉性能较好的中国地方良种黄牛以及大量既产肉又产乳，适于某种特定环境的原始品种。50多年以来，我国各地陆续从国外引进很多优良肉牛品种，对加速肉牛生产的发展起到了重要作用。

一、国外主要肉用品种

（一）海福特牛（Hereford）

1. 原产地及育成简史

海福特牛原产于英国威尔士地区的海福特县及邻近诸县，属中小型早熟肉牛品种。海福特牛是在威尔士地方土种牛的基础上选育而成的。在培育过程中，曾采用近亲繁殖和严格淘汰的方法使牛群早熟性和肉用性能显著提高，于1790年育成。1846年建立海福特纯种登记簿，1876年成立海福特牛品种协会，1883年转为“封闭式”良种登记，即只对双亲在本品种良种登记簿上注册过的个体进行登记，对该品种牛性能的稳定与提高起到了良好的作用。

2. 外貌特征

海福特牛体躯的毛色为橙黄或黄红色，头、颈、腹下、四肢下部和尾帚为白色，鼻镜粉红。体型宽深，前躯饱满，颈短而厚，垂皮发达，中躯肥满，四肢短，背腰宽平，臀部宽厚，肌肉发达，整个体躯呈圆筒状，皮薄毛细。分有角和无角两种，角呈蜡黄色或白色。公牛角向两侧伸展向下方弯曲，母牛角尖有向上挑起者。成年海福特公牛体高 134.4 cm、体重 850~1 100 kg；成年母牛体高 126.0 cm、体重 600~700 kg；初生公犊重 34 kg，母犊重 32 kg。

3. 生产性能

海福特牛增重快，从出生到 12 月龄平均日增重达 1.4 kg，18 月龄体重 725 kg（英国）。据我国黑龙江省资料，海福特牛哺乳期平均日增重，公犊 1.14 kg，母犊 0.89 kg。7~12 月龄的日增重，公牛 0.98 kg，母牛 0.85 kg。屠宰率一般为 60%~64%，经育肥后可达 67%~70%，净肉率 60%。肉质嫩、多汁，大理石纹好。海福特牛性成熟早，小母牛 6 月龄开始发情，15~18 月龄，体重 445 kg 可以初次配种，母牛妊娠期 272（260~290）d。该品种牛适应性好，在年气温变化–48~38℃环境中，仍然表现出良好的生产性能。

（二）安格斯牛（Angus）

1. 原产地及育成简史

安格斯牛原产于英国的阿伯丁、安格斯和金卡丁等郡，全称阿伯丁–安格斯牛。安格斯牛有计划的育种工作始于 18 世纪末，着重在早熟性、屠宰率、肉质、饲料报酬和犊牛成活率等方面进行选育。1862 年开始良种登记，1892 年出版良种登记簿，现在世界上主要养牛国家大多数都饲养有安格斯牛。

2. 外貌特征

安格斯牛无角，毛色以黑色居多，也有红色。体格低矮，体质紧凑、结实。头小而方、额宽，颈中等长且较厚，背线平直，腰荐丰满，体躯宽而深，呈圆筒形。四肢短而端正，全身肌肉丰满。皮肤松软，富弹性，被毛光泽而均匀，少数牛腹下、脐部和乳房部有白斑。成年公牛体高 130.8 cm，体重 700~750 kg；成年母牛体高 118.9 cm、体重 500 kg；犊牛初生重 25~32 kg。

3. 生产性能

安格斯牛具有良好的增重性能，日增重约为 1.0 kg。早熟易肥，胴体品质和产肉性能均高。育肥牛屠宰率一般为 60%~65%。安格斯牛 12 月龄性成熟，18~20 月龄可以初配，产犊间隔短，一般为 12 个月左右。连产性好，初生重小，难产极少。安格斯牛对环境的适应性好，耐粗、耐寒，性情温和，易于管理，在国际肉牛杂交体系中被认为是较好的母系。

（三）夏洛莱牛（Charolais）

1. 原产地及育成简史

夏洛莱牛是大型肉用牛品种，原产于法国中西部到东南部的夏洛莱省和涅夫勒地区。18 世纪开始系统选育，主要通过本品种严格选育而成。1864 年建立良种登记簿，1887 年成立夏洛莱牛品种协会，1964 年 22 个国家联合成立了国际夏洛莱牛协会。

2. 外貌特征

夏洛莱牛体躯高大强壮，全身毛色乳白或浅乳黄色。头小而短宽，嘴端宽方，角中等粗细，向两侧或前方伸展，角色蜡黄。颈短粗，胸深宽，肱骨弓圆，腰宽背厚，臀部丰满，肌肉发达，使体躯呈圆筒形，后腿部肌肉尤其丰厚，常形成“双肌”特征，四肢粗壮结实。公牛常有双鬐甲和凹背者。蹄色蜡黄，鼻镜、眼睑等为白色，成年公牛体高 145.5 cm、体重 1 100~1 200 kg；成年母牛体高、体重分别为 137.5 cm、700~800 kg；初生公犊重 45 kg，母犊重 42 kg。

3. 生产性能

夏洛莱牛以生长速度快、瘦肉产量高而著称。在良好的饲养管理条件下，6 月龄公犊体重达 234 kg，母犊 210.5 kg，平均日增重公犊 1.0~1.2 kg，母犊 1.0 kg。12 月龄公犊重达 525 kg，母犊 360 kg。屠宰率为 65%~70%，胴体产肉率为 80%~85%，母牛平均产奶量为 1 700~1 800 kg，个别达到 2 700 kg，乳脂率为 4.0%~4.7%。青年母牛初次发情为 396 日龄，初配年龄为 17~20 月龄。

（四）利木赞牛（Limousin）

1. 原产地及育成简史

利木赞牛原产于法国中部利木赞高原，并因此而得名，在分布广度和数量方面，在法国仅次于夏洛莱牛，利木赞牛源于当地大型役用牛，主要经本品种选育而成。1850 年开始选育种，1886 年建立良种登记簿，1924 年宣布育成专门化肉用品种。

2. 外貌特征

利木赞牛毛色以红黄为主，腹下、四肢内侧、眼睑、鼻周、会阴等部位色较浅，为白色或草白色。角细色白，蹄壳琥珀色，头短额宽，口方。体躯冗长，肋骨弓圆，背腰壮实，荐部宽大但略斜。肌肉丰满，前肢及后躯肌肉块尤其突出。成年公牛体高 140 cm，体重 1 100 kg；成年母牛体高 131 cm，体重 600 kg；公犊初生重 36 kg，母犊 35 kg。

3. 生产性能

利木赞牛肉用性能好、生长快，尤其是幼年期，8 月龄小牛可以生产出具有大理石纹的牛肉；在良好的饲养条件下，公牛 10 月龄能长到 408 kg，12 月龄达 480 kg。牛肉品质好，肉嫩，瘦肉含量高。利木赞牛具有较好的泌乳能力，成年母牛平均泌乳量 1 200 kg，个别可达 4 000 kg，乳脂率 5%。

（五）日本和牛（Japanese Beef Cow）

1. 原产地及育成简史

日本和牛是在日本土种役用牛基础上经杂交而培育的肉用品种。1870 年起，日本和牛由役用逐渐向役肉兼用发展。1900 年以后，先后引入南德温牛、瑞士褐牛、短角牛、西门塔尔牛、朝鲜牛、爱尔夏牛和黑白花牛等与日本和牛杂交，目的是增大体格，提高肉、乳生产性能，但有计划地杂交却始于 1912 年。1948 年成立日本和牛登记协会，1957 年宣布育成肉用日本和牛。

2. 外貌特征

日本和牛毛色多为黑色和褐色，少见条纹及花斑等杂色。体躯紧凑、腿细，前躯发育良好，后躯稍差。体型小，成熟晚。成年公牛体高 137 cm，体重 700 kg；母牛体高 124 cm，体重 400 kg。

3. 生产性能

日本和牛的产奶量低，约 1 100 kg，但经过一年及以上的育肥，屠宰率可达 60%以上，有 10%可用作高档牛肉。

二、国外主要乳肉兼用品种

西门塔尔牛（Simmental）

1. 原产地及育成简史

西门塔尔牛原产于瑞士阿尔卑斯山的河谷地带，以伯尔尼州周围所产牛的质量最好。西门塔尔牛是 5 世纪由斯堪的那维亚半岛布尔贡德引入的牛,经繁育逐步取代了瑞士西门河谷地带的伯尔尼牛。目前,该品种广泛分布于世界各地,是世界著名的大型兼用牛品种之一。中国西门塔尔牛是20世纪50年代、70年代末和80年代初,集中引进欧洲西门塔尔牛。在中国的生态条件下,经过与本地黄牛进行杂交选育而成。2001年10月通过国家品种审定。目前,有山区、草原、平原三大类群,现有纯种3万头,核心群达2万头,育种区种群规模近100万头,改良群体600万头。

2. 外貌特征

西门塔尔牛体格粗壮结实,头略长,额宽,角细并向外、向前旋转,角尖向后,角呈白色。额顶、颈上部有卷毛。胸宽深,躯干长,背腰宽且平直,尻部发育好,肌肉丰满。毛色多为黄白花或红白色,花斑分布整齐,头部白色或带眼圈,尾帚、四肢和腹部为白色,角蹄蜡黄色,鼻镜肉色。乳房发育良好,乳区匀称,乳静脉粗大。

3. 生产性能

成年公牛体重1 000~1 300 kg,体高142~150 cm,体长179.7 cm,胸围225.0 cm,管围24.4 cm;成年母牛体重550~800 kg,体高130 cm。犊牛出生重30~45 kg。西门塔尔牛乳用、肉用性能都较好。年平均产奶量为5 500 kg,乳脂率为4.0%~4.2%。最高个体年产奶量达11 400 kg,乳脂率4%。西门塔尔牛胴体瘦肉多,脂肪少,并且分布均匀,肉质好,肥育后屠宰率65%。我国自1985年以来,已培育出一些高产个体,纯种西门塔尔牛核心群平均产奶量5 152 kg,乳脂率4.0%,并出现了9 600 kg的高产个体。

三、中国黄牛地方品种

(一)秦川牛

1. 原产地及育成简史

秦川牛是中国著名的大型役肉兼用品种牛,原产于陕西省渭河流域的关中平原地区,陕西渭北高原的部分地区和河南的西部及甘肃的庆阳地区也有分布。

2. 外貌特征

秦川牛体格高大,骨骼粗壮,肌肉丰满,体质强健,头部方正,肩长而斜。胸部宽深,肋长而开张,背腰平直宽广,长短适中,结合良好。荐骨隆起,后躯发育稍差。四肢粗壮结实,两前肢相距较宽,有外弧现象,蹄叉紧。公牛头较大,颈粗短,垂皮发达,鬐甲高而宽;母牛头清秀,颈厚薄适中,鬐甲较低而窄,角短而钝,多向外下方或向后稍微弯,毛色有紫红、红、黄3种,以紫红和红色居多。

3. 生产性能

经肥育18月龄牛的平均屠宰率为58.30%,净肉率为50.50%,肉质细嫩多汁,大理石花纹明显。泌乳期为7个月,泌乳量为715.80 kg。鲜乳成分为:乳脂率4.70%,乳蛋白率4.00%,乳糖率6.55%,干物质16.05%。

(二)南阳牛

1. 原产地及育成简史

南阳黄牛是我国著名的优良地方黄牛品种,产于河南南阳地区白河和唐河流域的广大平原地区,以南阳市郊区、唐河、邓县、新野、镇平、社旗、方城等县市为主要产区。1975年成立了南阳牛选育协作组,1981年国家标准局颁发了《南阳牛国家标准》。

2. 外貌特征

公牛角基较粗，以萝卜头角为主，母牛角较细。鬐甲较高，公牛肩峰 8~9 cm。有黄、红、草白 3 种毛色，以深浅不等的黄色为最多，一般牛的面部、腹下和四肢下部毛色较浅。鼻镜多为肉红色，其中部分带有黑点。蹄壳以黄蜡、琥珀色带血筋较多。成年公牛平均体重 647 kg，体高 145 cm；成年母牛平均体重 412 kg，体高 126 cm。

3. 生产性能

公牛肥育后，1.5 岁的平均体重可达 441.7 kg，日增重 813 g，屠宰率为 55.6%。3~5 岁阉牛经强度肥育，净肉率达 55.8%。母牛产乳量 600~800 kg，乳脂率为 4.5%~7.5%。母牛初情期 8~12 月龄，产后第一次发情平均为 77 d。公牛 1.5~2.0 岁开始配种，3~6 岁配种能力最强，利用年限 5~7 年。

（三）鲁西牛

1. 原产地及育成简史

鲁西牛主要产于山东省西南部的菏泽、济宁内，即北至黄河，南至黄河故道，东至运河两岸的三角地带。以菏泽市的郭城、郸城、菏泽、巨野、梁山和济宁地区的嘉祥、金乡、济宁、汶上等县为中心产区。产区地处平原，汉代时的牛已具有现代鲁西牛雏形。

2. 外貌特征

鲁西牛具有较好的役肉兼用体型。公牛多平角或龙门角；母牛角形多样，以龙门角较多。蹄质致密但硬度较差，不适于山地使役。被毛从浅黄到棕红色都有，以黄色为多。多数牛有完全或不完全的“三粉”特征（指眼圈、口轮、腹下与四肢内侧色淡），鼻镜与皮肤多为淡肉红色，部分牛鼻镜有黑色或黑斑。角色蜡黄或琥珀色。

成年公牛平均体重644 kg,体高146 cm;成年母牛平均体重366 kg,体高193 cm。

3. 生产性能

以青草和少量麦秸为粗料，每天补喂混合精料2 kg,1.0~1.5岁牛平均日增重610 g,屠宰率53%~55%,净肉率47%左右。母牛性成熟早,一般10~12月龄开始发情,有的牛8月龄即能受孕。母牛初配年龄在1.5~2.0周岁,终生可产犊7~8头,最高可达15头。产后第一次发情平均为35(22~29)d。公牛1岁左右可产生成熟精子,1.0~1.5岁开始配种,利用年限5~7年。

(四)晋南牛

1. 原产地及育成简史

晋南牛产于山西省晋南盆地，包括运城市的万荣、河津、临猗、永济、运城、夏县、闻喜、芮城、新绛以及临汾市的侯马、曲沃、襄汾等县、市,以万荣、河津和临猗3县的数量较多、质量较好。晋南盆地农业开发早,养牛是当地的传统。

2. 外貌特征

公牛颈较粗短,顺风角,肩峰不明显。蹄大而圆,质地致密。毛色以枣红为主,鼻镜粉红色,蹄趾亦多呈粉红色。成年公牛平均体重607 kg,体高139 cm;成年母牛平均体重330 kg,体高117 cm,前躯较后躯发达,具有较好的役用体型。

3. 生产性能

成年牛肥育后屠宰率可达为52.3%,净肉率为43.4%。母牛产乳量745.1 kg,乳脂率为5.5%~6.1%,9~10月龄开始发情,2岁配种。产犊间隔为14~18个月,终生产犊7~9头。公牛9月龄性成熟,成年公牛平均每次射精量为4.7 mL。

(五)延边牛

1. 原产地及育成简史

延边牛主要产于吉林省延边朝鲜族自治州的延吉、和龙、汪清、珲春及毗邻各省,分布于东北3省。清朝以来,随着朝鲜民族的迁入,将朝鲜牛输入我国东北地区,输入的朝鲜牛和本地牛进行长期的杂交,经过精心培育而形成。在形成过程中,导入了一些蒙古牛和乳用品种的血统。

2. 外貌特征

公牛头方额宽,角基粗大,多向外后方伸展成"一"字形或倒"八"字角。母牛头大小适中,角细而长,多为龙门角。毛色多呈浓淡不同的黄色,鼻镜一般呈淡褐色,带有黑斑点。成年公牛平均体重465 kg,体高131 cm;成年母牛平均体重365 kg,体高122 cm。

3. 生产性能

公牛经180 d肥育,屠宰率可达57.7%,净肉率47.23%,日增重0.81 kg。母牛产乳量500~700 kg,乳脂率5.8%~8.6%。母牛初情期平均为13月龄,公牛平均为14月龄。

(六)蒙古牛

1. 原产地及育成简史

蒙古牛原产于蒙古高原地区。广泛分布于内蒙古、黑龙江、新疆、河北、山西、陕西、宁夏、甘肃、青海、吉林、辽宁等省、自治区。在内蒙古主要分布湿润度在27%以上的草原地区。秦汉时期内蒙古的养牛业已发展到一定水平。当地多为高原和山地,一般海拔为1 000~1 500 m,大部为干草原、半荒漠和荒漠地带,间有戈壁和少数沙丘的地区。

2. 外貌特征

头短宽、粗重，角长、向上前方弯曲、呈蜡黄或青紫色，角质致密有光泽。垂皮不发达。鬐甲低下。四肢短，蹄质坚实，皮肤较厚，皮下结缔组织发达。毛色多为黑色或黄(红)色，其次为狸色、烟熏色。蒙古牛成年公牛的体高、体斜长、胸围、胸深、管围分别为：120.9 cm、137.7 cm、169.5 cm、70.1 cm、17.8 cm。成年母牛的体高、体斜长、胸围、胸深、管围分别为 110.8 cm、127.6 cm、154.3 cm、60.2 cm、15.4 cm。

3. 生产性能

母牛 100 d 平均产乳量 518.0 kg，平均乳脂率为 5.22%，最高者达 9%。中等营养水平的阉牛平均屠宰率可达 53.0%±2.8%，净肉率 44.6%±2.9%。季节性发情配种，母牛初情期 8~12 月龄，约2 岁开始配种，4~8 岁为繁殖最好时期；公牛于 2 岁时开始配种。

四、我国培育的主要肉用品种

(一)夏南牛

1. 原产地及育成简史

夏南牛原产地河南泌阳县，是以夏洛莱牛为父本，以地方良种南阳牛为母本，经导入杂交、横交固定和自群繁育 3 个阶段的开放式育种，培育而成的含夏洛莱牛血统 37.5%，含南阳牛血统 62.5%的夏南牛。夏南牛耐粗饲，适应性强，舍饲、放牧均可，在黄淮流域及以北的农区、半农半牧区都能饲养。

2. 外貌特征

毛色为黄色，以浅黄、米黄居多；公牛头方正，额平直，母牛头部清秀，额平稍长；公牛角锥状，水平向两侧延伸，母牛角细圆，致密光滑，稍向前倾；耳中等大小；颈粗壮、平直，肩峰不明显。成年牛结构匀称，体躯干呈长方形；胸深肋圆，背腰平直，尻部宽长，肉用特征明显；四肢粗壮，蹄质坚实，尾细长；母牛乳房发育良好。成年公牛体高 142.5 cm，体重 850 kg；成年母牛体高 135.5 cm，体重 600 kg；公犊初生重 38.5 kg，母犊为 37.9 kg。

3. 生产性能

夏南牛体质健壮，性情温驯，适应性强，耐粗饲，采食速度快，易育肥；抗逆力强，耐寒冷，耐热性稍差。在农户饲养条件下，公母犊牛 6 月龄体重分别为 197.4 kg 和 196.5 kg，日增重分别为 0.88 kg 和 0.88 kg；周岁公母牛体重分别为 299.0 kg 和 292.4 kg，日增重分别达 0.56 kg 和 0.53 kg。体重 400 kg 的公架子牛经强化育肥 90 d，体重达 550 kg，日增重可达 1.85 kg。17~19 月龄的未育肥公牛屠宰率 60.13%，净肉率 48.84%。母牛初情期平均为 432 d，初配时间平均为 490 d。

（二）延黄牛

1. 原产地及育成简史

延黄牛是以延边牛为母本，利木赞牛为父本培育的肉用牛新品种，于 2008 年通过国家遗传资源委员会审定。主产区为吉林省延吉市，以图们市、龙井市、珲春市为中心产区。具有体质健壮、性情温驯、耐寒、耐粗饲、适应性强、生长速度快、肉质细嫩等特点。是我国目前较好的肉牛品种之一，特别是在我国北部和东北部具有较好的推广前景。

2. 外貌特征

毛色为黄色。公牛头方正，额平直，母牛头部清秀，额平，嘴端短粗。公牛角呈锥状,水平向两侧延伸,母牛角细圆、致密光滑、外向,尖稍向前弯。耳中等大小,颈粗壮、平直。成年牛结构匀称,体躯呈长方形,胸深肋圆,背腰平直,尻部宽长,四肢较粗壮,蹄质坚实,尾细长,肉用特征明显,母牛乳房发育良好。成年公牛体重 1 056.6 kg,成年母牛体重 625.5 kg。初生重公犊 30.8 kg,母犊 28.6 kg。

3. 生产性能

延黄牛在放牧饲养条件下,未经育肥的 18 月龄公牛,屠宰率 58.6%,净肉率 48.5%。集中舍饲短期育肥的 18 月龄公牛,屠宰率 59.5%,净肉率 48.3%;在集中育肥 180 d 的情况下,30 月龄的公牛、阉牛宰前活重分别为 578.1 kg、552.3 kg,日增重分别为 1.2 kg、1.1 kg, 屠宰率分别为 59.8%、59.5%, 净肉率分别为 49.3%、49.2%。延黄牛母牛初情期 8~9 月龄,性成熟期母牛 13 月龄,公牛 14 月龄。母牛发情周期 20~21 d,发情持续期 12~36 h,全年发情,发情旺期为 7~8 月。一般 20~24 月龄开始配种。初配妊娠 285 d,产犊间隔期 360~365 d,繁殖成活率 91.7%。

(三)辽育白牛

1. 原产地及育成简史

辽育白牛是以夏洛莱牛为父本,以辽宁本地黄牛为母本级进行杂交后,在第 4 代的杂交群中选择优秀个体进行横交和有计划选育,含夏洛莱牛血统 93.75%、本地黄牛血统 6.25%。

2. 外貌特征

辽育白牛全身被毛呈白色或草白色, 鼻镜肉色, 蹄角多为蜡色;体型大,体质结实,肌肉丰满,体躯呈长方形;头宽且稍短,额阔唇宽,耳中等偏大,大多有角,少数无角;颈粗短,母牛平直,公牛颈部隆起,无肩峰,母牛颈部和胸部多有垂皮,公牛垂皮发达;胸深宽,肋圆,背腰宽厚、平直,尻部宽长,臀端宽齐,后腿部肌肉丰满;四肢粗壮,长短适中,蹄质结实;尾中等长度;母牛乳房发育良好。

3. 生产性能

成年公牛体重 910.5 kg,肉用指数 6.3;母牛体重 451.2 kg,肉用指数 3.6;初生公牛体重 41.6 kg,母牛 38.3 kg;6 月龄公牛体重 221.4 kg,母牛 190.5 kg;12 月龄公牛体重 366.8 kg,母牛 280.6 kg;24 月龄公牛体重 624.5 kg,母牛 386.3 kg。6 月龄断奶后持续育肥至 18 月龄,宰前重 561.8 kg、屠宰率和净肉率分别为 58.6%和 49.5%;持续育肥至 22 月龄,宰前重 664.8 kg、屠宰率和净肉率分别为59.6%和 50.9%。11~12 月龄体重 350 kg 以上发育正常的辽育白牛,短期育肥 6 个月,体重达到 556 kg。母牛初配年龄为 14~18 月龄、产后发情时间为 45~60 d;公牛适宜初采精年龄为 16~18 月龄;人工授精情期受胎率为 70%,适繁母牛的繁殖成活率达 84.1%以上。

(四)云岭牛

1. 原产地及育成简史

云岭牛是中华人民共和国成立以来,我国科学家培育的具有完全自主知识产权的第四个肉牛新品种,也是我国第一个采用三元杂交方式培育成的肉用牛品种,第一个适应我国南方热带、亚热带地区的肉牛新品种。由云南省草地动物科学研究院的几代科研人员,利用婆罗门牛、莫累灰牛和云南黄牛 3 个品种杂交选育而成。2014 年 12 月获国家畜禽遗传资源委员会颁发的畜禽新品种证书。主要分布在云南的昆明、楚雄、大理、德宏、普洱、保山、曲靖等地。

2. 外貌特征

云岭牛以黄色、黑色为主,被毛短而细密;体型中等,各部结合良好，细致紧凑，肌肉丰厚；头稍小，眼明有神；多数无角，耳稍大，横向舒张；颈中等长；公牛肩峰明显，颈垂、胸垂和腹垂较发达，体躯宽深，背腰平直，后躯和臀部发育丰满；母牛肩峰稍有隆起，胸垂明显，四肢较长，蹄质结实；尾细长。

3. 生产性能

云岭牛公牛初生重 30.24 kg，断奶重 182.48 kg，12 月龄体重 284.41 kg，18 月龄体重 416.81 kg，24 月龄体重 515.86 kg，成年体重 813.08 kg；在放牧+补饲条件下，12~24 月龄日增重达 1.06 kg。母牛初生重 28.17 kg，断奶重 176.79 kg，12 月龄体重 280.97 kg，18 月龄体重 388.52 kg，24 月龄体重 415.79 kg，成年体重 517.40 kg；与较大型肉牛品种相比，云岭牛的饲料报酬较高。

24 月龄公、母牛活重分别为 508.2 kg、430.8 kg，屠宰率为 59.56%、59.28%，净肉率为 49.62%、48.64%。母牛初情期 8~10 月龄，适配年龄 12 月龄或体重在 250kg 以上；发情周期 20 d（17~23 d），产后发情时间 60~90 d；难产率低于 1%（为 0.86%）。初产牛的初乳期为 4~5 d，泌乳期为 259.7（245~305）d±20.4 d，产乳量为 752.23（490.3~979.1）kg，3~4 胎时到达泌乳高峰。乳脂率 4.78%，乳蛋白 4.17%。

五、我国培育的主要兼用品种

（一）三河牛

1. 原产地及育成简史

三河牛原产于内蒙古呼伦贝尔盟，因较集中在额尔古纳右旗的三河地区（根河、得勒布尔河、哈布尔河）而得名，是我国培育的第一个乳肉兼用品种。

2. 外貌特征

三河牛毛色以红白花、黄白花为主，花片分明，头白色或额部有白斑，四肢膝关节下、腹下及尾帚部呈白色，少数牛角向上，体型同西门塔尔牛相似。体大结实，结构匀称，骨骼粗壮，蹄质结实。乳房发育较好，但乳头不够整齐。

3. 生产性能

成年公牛体重为 1 050 kg，体高 156.8 cm，体长 205.5 cm，胸围 240.1 cm；成年母牛体重为 547.9 kg，体高 131.3 cm，体长 167.7 cm，胸围 192.5 cm。犊牛出生重 31~35 kg。三河牛的产奶量因饲养管理条件不同而变化较大，一般年平均产奶量为 2 000 kg，乳脂率为 3.8%~4.0%；在良好的舍饲条件下，一般产奶量为 3 000~3 500 kg；个体 305 d 的最高产奶纪录 7 702.5 kg，个体 360 d 的产奶量为 8 416.6 kg，平均乳脂率 3.8%~4.0%。未经肥育条件下，屠宰率 50%~55%，净肉率 44%~48%。肉质好，深受市场好评。三河牛原产于严酷、脆弱的生态条件下，适应性强，耐寒，耐粗饲。但存在生产性能较低，体型外貌不够整齐，后躯发育不良，尻尖、尻斜，乳房结构不良等问题。

（二）中国草原红牛

1. 原产地及育成简史

中国草原红牛原产于吉林、辽宁、河北和内蒙古等地，以乳肉兼用型的短角牛同蒙古牛杂交培育而成。主要分布于内蒙古的赤峰市、锡林郭勒盟、乌兰察布盟、鄂尔多斯市，河北张家口地区、吉林白城子地区等地市。中国草原红牛分为 2 个类型：分布于吉林、辽宁和河北的草原红牛以肉乳兼用为主；分布于内蒙古的以乳肉兼用为主。

2. 外貌特征

全身被毛为紫红色或红色，部分牛的腹下或乳房有小片白斑。据内蒙古海金山种牛场统计，被毛紫红色占 41.8%，被毛红色占 38.6%，其余为沙毛，胸、腹、乳房有白毛。体格中等，头清秀，大小适中；多数牛有细短角，向外前方伸展，少数无角。颈肩结合良好，胸宽深，背腰平直，肌肉丰满，四肢端正，蹄质结实。乳房发育一般。

3. 生产性能

在放牧为主、冬春季节补饲条件下成年公牛体重 700~800 kg，体高 137.3 cm，体长 177.5 cm，胸围 213.3 cm；成年母牛体重为 450~500 kg，体高 124.2 cm，体长 147.4 cm，胸围 181.0 cm。犊牛初生重 30~32 kg。平均产奶量为 1 800~2 000 kg，乳脂率 4.0%。18 月龄的阉牛，经放牧和补饲，屠宰率为 53.8%，净肉率为 45.2%。短期肥育牛，屠宰率为 58.1%，净肉率达 49.5%。繁殖性能良好，性成熟年龄为 14~16 月龄，初情期多大在 18 月龄。

（三）新疆褐牛

1. 原产地及育成简史

新疆褐牛原产于新疆的伊犁和塔城地区，属乳肉兼用品种，系用阿拉塔乌公牛（含有瑞士褐牛血液）及瑞士褐牛公牛，同本地哈萨克牛进行长期杂交改良、选育而成。目前该品种遍布于新疆各地。

2. 外貌特征

新疆褐牛体躯健壮，结构匀称，肌肉丰满。被毛为深浅不同的褐色，额部、角基、嘴唇和背线呈灰白色或者黄白花，眼睑、鼻镜、尾帚和蹄部呈深褐色。头清秀，角大小适中、向侧前上方弯曲，呈半椭圆形，角尖稍直，呈深褐色。四肢端正，蹄质结实。

3. 生产性能

放牧条件下，成年公牛平均体重950 kg，体高144.8 cm，体长202.3 cm，胸围229.5 cm；成年母牛体重430 kg，体高121.8 cm，体长150.9 cm，胸围176.5 cm。犊牛初生重28~30 kg。舍饲条件下母牛平均体重518.8 kg，体高129.0 cm，体长153.5 cm，胸围185.8 cm；在舍饲为主、放牧为辅条件下，新疆褐牛305天产奶量5 162 kg。据统计，180头母牛平均乳脂率4.03%~4.08%，奶中干物质13.4%；在放牧条件下，泌乳期约100 d，产奶量1 000 kg左右，乳脂率4.43%。

新疆褐牛在伊犁地区放牧条件下，中上等膘情的1.5岁阉牛，宰前活重235 kg，屠宰率47.4%；成年公牛活重433 kg屠宰，屠宰率53.1%，眼肌面积76.6 cm^2。

（四）中国西门塔尔牛（Chinese Simmental）

1. 原产地及育成简史

中国西门塔尔牛是由20世纪50年代、70年代末和80年代初引进的德系、苏系和奥系西门塔尔牛与本地黄牛进行级进杂交后，对高代改良牛的优秀个体进行选种选配培育而成，属乳肉兼用品种。主要育成于西北干旱平原、东北和内蒙古严寒草原、中南湿热山区和亚高山地区、华北农区、青藏高原以及其他平原农区。适应范围广，适宜于舍饲和半放牧条件。

2. 外貌特征

中国西门塔尔牛体躯深宽高大，结构匀称，体质结实，肌肉发达，行动灵活，被毛光亮，毛色为红（黄）白花，花片分布整齐，头部白色或带眼圈，尾梢、四肢和腹部为白色，角蹄蜡黄色，鼻镜肉色，乳房发育良好，结构均匀紧凑。产奶性能稳定，乳脂率和干物质含量高，生长快，胴体品质优异，遗传性稳定，并有良好的役用性能。中国西门塔尔牛成年公牛体重 850~1 000 kg、体高 145 cm，成年母牛体重 550~650 kg、体高 130 cm。

3. 生产性能

初配年龄为 18 月龄，体重在 380 kg 左右，泌乳期产奶量达 4 000 kg，核心群母牛产奶量 4 300 kg 以上，平均乳脂率 4.03%。平均日增重 1.11 kg，18~22 月龄宰前活重 573.6 kg，屠宰率 61.4%，净肉率 50.01%。在短期育肥后，18 月龄以上的公牛或阉牛屠宰率达 54%~56%，净肉率达 44%~46%。成年公牛和强度育肥牛屠宰率达 60%以上，净肉率达 50%以上。

（五）蜀宣花牛

1. 原产地及育成简史

蜀宣花牛是以宣汉黄牛为母本，选用原产于瑞士的西门塔尔牛和荷兰的荷斯坦乳用公牛为父本，从 1978 年开始，通过西门塔尔牛与宣汉黄牛杂交，导入荷斯坦奶牛血缘后，再用西门塔尔牛级进杂交创新，经横交固定和 4 个世代的选育提高，历经 30 余年培育而成的乳肉兼用型品种，含西门塔尔牛血缘 81.25%，荷斯坦牛血缘 12.5%，宣汉黄牛血缘 6.25%。2011 年新品种通过了现场审定，2012 年国家农业部发布第 1731 号公告命名并颁发“蜀宣花牛”（畜禽新品种）证书。

2. 外貌特征

体型外貌基本一致。毛色为黄白花或红白花，头部、尾梢和四肢为白色；头中等大小，母牛头部清秀；成年公牛略有肩峰；有角，角细而向前上方伸展；鼻镜肉色或有斑点；体形中等，体躯宽深，背腰平直、结合良好，后躯较发达，四肢端正结实；角、蹄以蜡黄色为主;母牛乳房发育良好。

3. 生产性能

母牛初配时间为16~20月龄,妊娠期278 d左右。公、母牛出生重分别为31.6 kg和29.6 kg;6月龄公、母牛体重分别为149.3 kg和154.7 kg;12月龄公、母牛体重分别为315.1 kg和282.7 kg。成年公、母牛体高分别为149.8 cm和128.1 cm,体斜长分别为180.0 cm和157.9 cm,胸围分别为212.5 cm和188.6 cm,管围分别为24.3 cm和18.6 cm。第四世代群体平均年产奶量为4 480 kg,平均泌乳期为297 d,乳脂含量4.16%,乳蛋白含量3.19%。公牛18月龄育肥体重平均达499.2 kg,90 d育肥期平均日增重为1.275 kg,屠宰率57.6%,净肉率48.0%。

第二章　肉牛体型外貌特征及鉴定

一、牛体各部位名称

一般将牛整个躯体分为头颈部、前躯、中躯和后躯 4 个部分来描述各部位的形态特征。牛体各部位名称如下。

1. 头颈部

头颈部位于躯体的最前端，它以鬐甲和肩端的连线与前躯分界，又分为头部和颈部。头部以整个头骨为基础，以枕骨脊为界与颈部相连。头部是整个牛体的缩影，它可以反映出牛的生产类型、品种特征、性别及年龄等情况。颈以 7 个颈椎为基础而形成。

2. 前躯

前躯指颈之后、肩胛软骨后缘垂直切线之前，以前肢诸骨为基础的体表部位，包括鬐甲、前肢、胸等主要部位。鬐甲是以第二至第六胸椎棘突和肩胛软骨为基础组成的体表部位，它是颈、前肢和躯干的连接点。前肢包括肩、臂和下前肢。胸位于鬐甲下方和两前肢之间，后与腹部相连。胸腔内有心、肺等重要器官。

3. 中躯

中躯指肩胛软骨后缘垂直切线之后至腰角垂线之前，以背椎、腰椎和肋骨为支架的中间躯段。其中以第七至第十三胸椎为基础形成背，而腰以 6 个腰椎为基础，腹部位于背腰下方，腹内是主要的消化器官。

4. 后躯

后躯是腰角以后的躯段，是以荐骨、骨盆及后肢诸骨为基础的体表部位，其中以骨盆、荐骨及第一尾椎为基础构成尻部。

二、肉牛外貌特征及鉴定

在对牛的体质外貌进行评定时需要眼看、手摸，对牛只整体的平衡状态、体躯形状、部位结合状况与发育程度以及各部位相互间比例大小做出分析，并对牛的生产性能高低做出间接的判定。

(一)肉牛外貌特征

肉牛从整体看，皮薄骨细，体躯宽深，低垂，全身肌肉丰满，皮下脂肪发达，疏松而匀称，理想的体型，呈“长方砖型”。肉用牛的侧视、背视、前视、后视体躯都呈圆筒形。从侧面看，颈短而宽，垂皮发达，前胸突出，胸深，尻深，背线、腹线平行，股后平直，肋骨弯曲，呈圆筒形；背视鬐甲宽平，背腰宽，尻部平而广阔，肋骨弯曲，腹部充实，形成圆筒形；前视鬐甲宽平，胸宽而深，胸底部稍平，两侧肋骨开张，呈圆筒形；后视尻部宽而平，后裆宽，股间肌肉丰满而深，后视呈圆筒形(见图 2–1)。

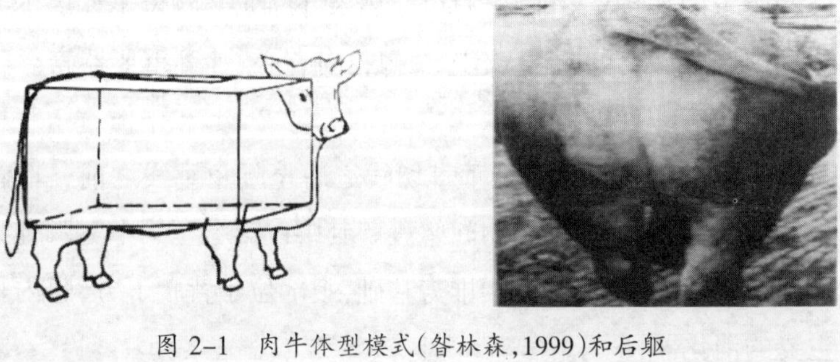

图 2–1　肉牛体型模式(昝林森，1999)和后躯

肉牛头短宽，皮下结缔组织发达，角细致光滑，眼睛大而明亮，鼻孔大，口裂深。颈宽短，与鬐甲、肩结合平滑丰满。鬐甲宽厚多肉，与背腰成一条直线。前胸饱满，突出于两前肢之间，垂肉高度发育。肩直立，肋骨长而弯曲，使胸宽而深，肋间肌肉充实。肩颈、肩胸结合平滑丰满，肋骨外观不明显。

背腰宽广、丰满，脊柱两侧和背腰的肌肉由于非常发达而呈复背、复腰，腰角宽。腹部大小适中，不下垂，不卷腹，腹壁厚，肷窝丰满。

尻长宽平，坐骨端宽，肌肉及皮下脂肪发达，呈复臀。后裆乳镜靠下，股后肌群、腹内肌肉都十分发达，呈“大象臀状”。乳房发育中等，但脂肪组织比例较大。

四肢骨细而短，关节不明显。

（二）肉牛外貌鉴定

牛的外貌鉴定方法有观察鉴定、测量鉴定和评分鉴定，其中以观察鉴定法应用最广。

1. 观察鉴定

观察鉴定就是靠眼睛观察牛的外貌，并借助于手的触摸对牛的各个部位和整体进行鉴别的方法。

在鉴定之前，首先了解牛的品种、年龄、胎次、泌乳月、妊娠日期、健康状况、体重等情况，以避免鉴别时出现不必要的误差。

外貌鉴定应在宽阔平坦的地方进行。鉴定时让牛四肢站立自然，头略抬直，鉴定者站在距牛 5~8 m 的地方，先将整个牛体观察一遍，以便有一个轮廓的认识和掌握牛体各部位发育是否匀称。然后从牛的前方看头部及品种特征，前肢肢势，胸、腹的宽度，肋骨开张度等。然后走到牛体右侧，鉴别头与颈、鬐甲、肩、胸、背、腰、腹、尻、乳房等各部位的体型特征。再走到牛体后侧，看后躯发育情况，尻宽、坐骨端、乳房及后肢肢势等。最后再到牛体左侧进行补充鉴别。

肉眼观察完毕后，再用手触摸，了解其皮肤、被毛、皮下组织、乳房等的发育情况，最后再让牛行走，观察四肢动作的协调性和步伐等。进行肉眼鉴别时，可将各部位评定的分数或结果做记录。

2. 测量鉴定

(1)体重鉴定：是了解肉牛生长发育情况的重要方法，包括实测法和估测法。

实测法即活重，每次称重应在清晨空腹，一般要求同一时间称 2 次，取平均值，以减少误差。

估测法常用胸围、体长来估测。由于肉牛品种、类型、年龄、性别、膘情等不同。常用的公式为：

体重(kg)=胸围^2(m)×体直长(m)×100

(2)体尺测定：用于比较准确地了解一个肉牛的品质或品系的一般体型结构数据。体尺能弥补外貌鉴定的不足。它不仅能反映机体某一部位和整体的大小，而且能反映各部位及整体的发育情况。经常测量体尺，可以了解各部位及整体的生长发育情况，估计内部器官的发育是否正常良好，从而检验饲养管理等技术措施，制订改进的方案。进行体尺测量时，应使牛站立于平坦的地面上，肢势要端正，四腿成两行，从前往后看，前后腿端正；从侧面看，左右腿互相掩盖。背腰不弓不凹，头自然前伸，不左顾右盼，不昂头或下垂，待体躯各部呈自然状态后，迅速、准确地进行测量。

第三章　肉牛消化道特点与消化过程

从口腔到肛门之间的消化道及其附属器官统称为消化系统。肉牛的消化道起于口腔，饲料经肉牛口、咽、食管、前胃（包括瘤胃、网胃、瓣胃）、皱胃、小肠和大肠的一系列物理和化学活动，代谢产物经肛门尿道和嗳气排出体外。消化系统的附属器官包括唾液腺、肝脏、胰腺、胃腺和肠腺。

一、口腔及唾液腺

（一）肉牛口腔的唇、舌、齿通过颌部和头部的肌肉运动发挥采食和反刍咀嚼功能

1. 唇

牛的唇部肌肉发达，短厚，坚实但不灵活。主要作用是帮助采食饲料，配合齿、舌动作咬住饲草并用力将其扯断，然后送入口腔。牛的唇相对马属动物来说不灵活。因此，对干草、秸秆等饲料的选择性采食能力不强，但当采食幼嫩矮小的青草或谷物、精料等小颗粒饲料时，唇起着最重要的作用。

2. 舌

牛的舌既长又灵巧，肌肉性组织，圆而厚，表面粗糙，是主要的采食工具，可伸出口外，将草料卷入口内。

3. 牙齿

牛的牙齿很特殊，上颌无切齿，由该处黏膜形成的厚而致密的角质齿板代替。下颌8个切齿，后部上下颌各6枚臼齿，下颌左右活动，以转动式的搓磨来磨碎食物。牛采食时先把饲料粗略地撕扯到可以吞咽的程度，当反刍时再把食团反上来进行更细致地咀嚼。

（二）肉牛的唾液腺非常发达

包括腮腺、颌下腺、臼齿腺、舌下腺、颊腺5个成对腺体和腭腺、咽腺、唇腺等3个单一腺体，上述腺体分泌物质的混合物构成肉牛的唾液，一昼夜的平均分泌量高达100~200 L。肉牛唾液为无色透明略带黏性的液体，主要含有水，黏蛋白等蛋白类有机物，钾、钠、钙的氯化物，磷酸盐和碳酸氢盐，尤其是碳酸氢盐的含量较多。唾液的pH平均为8.2，具有较高的缓冲能力，对维持瘤胃pH发挥着重要作用。肉牛唾液中还含有大量尿素，进入瘤胃后参与机体的尿素循环，可以减少氮损失。此外，幼年犊牛的唾液中含有脂肪分解酶，能分解乳脂产生的游离脂肪酸。

二、食道

食道是连接口腔与瘤胃的通道，成年肉牛食道长约1 m，草料与唾液在口腔内混合成食物团后，通过食道进入瘤胃。在采食间歇期，瘤胃食糜通过逆呕经食道返回口腔，再咀嚼后咽下，这个过程称之为反刍。

三、复胃结构

肉牛有4个胃室，分别称瘤胃、网胃、瓣胃和皱胃。其中，瘤胃、网胃、瓣胃的黏膜均没有腺体，主要起贮存食物和发酵、分解粗纤维的作用，统称为前胃。

皱胃黏膜内分布有消化腺，机能同一般单胃，所以又称真胃。4 个胃室的容积和功能随牛的年龄变化而变化。刚出生时，肉牛的前胃体积很小，处于待发育状态，不具备消化功能。随着犊牛的成长，开始采食各种青、粗草以及精饲料，刺激前胃逐渐发育，到6 月龄以后，基本具有成年牛的消化功能。

牛瘤胃是整个消化道中容积最大的器官，可容纳 100~150 L 物质，占据整个腹部的左半侧和右侧下半部。瘤胃被柱状肌肉分为背囊和腹囊两部分，胃壁黏膜上有排列密集的乳头状突起，增加了营养物质吸收的表面积。瘤胃容积最大，通常占据整个腹腔的左半，为 4 个胃总容积的 78%~85%，是暂时贮存饲料的场所。瘤胃内容物含有 84%~94%的水分，温度保持在 39~40℃，pH 在 5.5~7.5 变动，瘤胃内存在着大量微生物，对食物分解和营养物质的合成起着重要的作用，从而使瘤胃成为牛体的一个庞大的、高度自动化的饲料特殊“发酵罐”，为微生物发酵饲料创造了理想条件。

网胃壁形状似蜂巢，位于膈顶后方，由网–瘤胃褶将其与瘤胃隔开。由于瘤胃和网胃的内容物可以自由交流，两者功能相似，没有明确的职责区分，所以又合成瘤网胃。网胃和瘤胃中的内容物流向瓣胃，需要通过网瓣胃孔。只有食糜粒径小于 2 mL，而且密度大于 1.2 g/mL 时才能流向瓣胃。网胃在 4 个胃中容积最小，成年牛的网胃约占 4 个胃总容积的 5%。

瓣胃内容物的干物质含量大约为 22.6%，比瘤胃和网胃的水分少。内容物在瘤胃、网胃经过发酵后，通过网胃和瓣胃之间的开口——网瓣孔而进入瓣胃，其作用是挤压水分和磨碎食糜，瓣胃呈成球形，很坚实。成年牛瓣胃约占 4 个胃总容积的 7%~8%，瓣胃的作用是对食糜进一步研磨，起过滤器作用，将大量的水分滤走，同时，吸收挥发性脂肪酸（VFA）、氯化钠等，到达瓣胃的食糜中超过 3 mL 的大颗粒不足 1%。瓣胃还截留较大的食糜颗粒，通过粗糙的叶片表面揉搓和研磨，使食糜颗粒变得更为细碎，为后段消化作准备。

四、皱胃及相关腺体

皱胃是肉牛的真胃，4 个胃中唯一有腺体的胃，又称为腺胃。腺体主要分布在胃底部和幽门部。胃底腺分泌的胃液为水样透明液体，含有盐酸、胃蛋白酶和凝乳酶，并有少量黏液，呈酸性，pH 在 1.05~1.32。幽门腺分泌的胃液量很少，呈中性或弱碱性，含有少量胃蛋白酶。由于食糜从瓣胃进入皱胃是连续性的。因此，皱胃液是连续性分泌的。酸性皱胃液能不断杀死来自瘤胃的微生物，其蛋白质被皱胃的蛋白酶初步分解消化。

五、小肠与大肠

小肠包括十二指肠、空肠和回肠 3 部分。成年牛小肠长 46 m，而直径只有 2.0~4.5 cm。胰腺和小肠壁分泌的酶用以消化蛋白质、碳水化合物和脂肪，肝脏分泌的胆汁协助脂肪的消化与吸收。小肠壁表面大量绒毛和微绒毛增大了小肠的吸收面积，小肠消化的最终产物也多在此吸收。

大肠包括盲肠、结肠和直肠 3 个部分。盲肠是瘤胃微生物发酵的另一个场所。结肠是粪便形成的场所，可吸收水分和矿物质。

直肠是大肠的最后一段,粪便排出之前在此存储。

六、肉牛的特殊消化活动

肉牛等反刍动物具有前胃这一独特的消化器官。因此,与其他动物相比,表现出一些特殊的消化活动,主要包括微生物发酵、嗳气、反刍、食管沟反射等。

(一)微生物发酵

瘤胃和网胃内寄居着大量厌氧微生物,70%~85%可消化碳水化合物和约 50%粗纤维都在瘤胃消化,60%以上蛋白质要在瘤胃中降解,然后被微生物利用后成为微生物蛋白,饲料脂肪中的不饱和脂肪酸也会在瘤胃中被氢化。此外,瘤胃还能够合成 B 族维生素,这都是瘤胃微生物发酵的结果。瘤胃微生物主要由原虫、细菌和真菌组成,种类复杂,并且随着饲料种类、饲喂制度以及年龄等因素的不同而有所变化。通常 1 g 瘤胃内容物中含有细菌 1.5×10^{10}~2.5×10^{10} 个、纤毛虫 6.0×10^{5}~18.0×10^{5} 个,总体积约占瘤胃液的 3.6%。

瘤胃中的原虫主要为纤毛虫,纤毛虫主要有全毛虫和贫毛虫两类,均严格厌氧。纤毛虫具有分解多种营养成分的能力,并与一些细菌在其体内共生,所以有"微型反刍动物"之称。纤毛虫有的以分解淀粉为主,有的能发酵果胶、半纤维素和纤维素;还具有水解脂类、氢化不饱和脂肪酸、降解蛋白质及吞噬细菌的能力。纤毛虫的蛋白质含量高达 91%,并含有丰富的赖氨酸等必需氨基酸,其营养品质优于细菌蛋白质,是肉牛蛋白质养分的重要来源之一。其中,全毛虫体内含有蔗糖酶和淀粉酶等,能水解可溶性糖,使之发酵产生乳酸和少量的挥发性脂肪酸(VFA),并合成支链淀粉贮存于体内，以提供机体能源。

细菌是瘤胃内最主要的微生物，不仅数量大，而且种类多，除发酵糖类和分解乳酸的细菌区系外，主要有分解纤维素、蛋白质以及合成蛋白质与维生素的菌类。其中，纤维分解菌占活菌总数的1/4，包括厌氧拟杆菌属、梭菌属和球菌属等。在糖类发酵菌和产甲烷菌的协同作用下，纤维素最终被分解成乙酸、丙酸、丁酸、二氧化碳和甲烷等。二氧化碳和甲烷的产生意味着能量的损失。因此，控制产甲烷菌的活动是瘤胃调控研究的热点之一。

瘤胃内生活着严格厌氧的真菌，约占瘤胃微生物总量的8%。瘤胃真菌含有纤维素酶、木聚糖酶、糖苷酶和蛋白酶等，对纤维素有强大的分解能力，与纤维分解细菌有协同作用。

（二）反刍

肉牛在采食饲料时一般不经充分咀嚼就吞入瘤胃中，然后，在休息时再返回到口腔仔细咀嚼，这种特殊的消化活动叫做反刍。反刍分为逆呕、再咀嚼、再混唾液和再吞咽4个阶段。通常在结束采食后0.5~1.0 h开始出现反刍，每一次反刍的持续时间为40~50 min，然后，间歇一段时间再进行下一阶段的反刍。牛每天用于反刍的时间累计为6~8 h。饲料的粗糙部分刺激网胃、瘤胃前庭和食管沟黏膜的感受器是促使逆呕和反刍的主要因素。逆呕到口腔的食团要再仔细咀嚼40~50次，重新吞咽到瘤胃中。

反刍在肉牛的消化活动中具有重要意义。一方面，将饲料进一步磨碎，更利于微生物作用；另一方面，在反刍过程中刺激腮腺分泌大量唾液，中和瘤胃消化过程产生的大量酸类物质。牛反刍的时间和咀嚼的次数与饲料结构有很大关系。采食的饲料纤维含量越高或颗粒越大，则反刍持续的时间越长和咀嚼次数越多。

(三)嗳气

在瘤胃微生物的发酵过程中,不断地产生大量的气体。牛一昼夜可以产生 600~1 300 L 气体,其中,二氧化碳占 50%~75%,甲烷占 20%~45%。此外,还含有极少量的氢、氮和硫化氢等气体。这些气体有 1/4 被吸收到血液后经肺排出,微生物能够利用一小部分,其余靠嗳气排出。嗳气是一种反射动作,由增多的瘤胃气体刺激瘤胃的感受器引起。嗳气时,瘤胃后背囊首先开始收缩,由后向前推进,压迫气体移向瘤胃前庭,贲门随之舒展,气体被驱入食管。一部分经过张开的声门进入呼吸系统,另一部分经口腔逸出。

(四)食管沟反射

牛、羊等反刍动物有一条起于贲门、止于网瓣胃孔的食管沟。幼年犊牛在吮吸奶汁或饮水时,能反射性引起食管沟的唇状肌肉蜷缩,导致食管沟闭合成管状,使乳和水能够直接进入皱胃。因此,对幼年反刍动物而言,食管沟相当于食管的临时性延长,避免了流体食物进入未发育的前胃。随着动物成长,食管沟逐渐失去完全闭合的能力。

第四章　肉牛生产力评定

肉牛的生产力又称产肉力，是指肉牛在一定的饲养管理条件下，一定的时间内，所提供出来的一定标准、一定数量牛肉产品的能力。评定肉牛的生产力是拟定肉牛育种指标，评定其种用价值的依据；也是组织生产，加强饲养管理，获取高产优质产品，提高经济效益的基础性工作。肉牛的生产力指标主要包括活重、屠宰率、净肉率、肥育能力及肉品质等。

一、影响肉牛生产力的因素

肉牛的产肉能力和肉品质量受多种因素的影响，其主要影响因素为品种、类型、年龄、性别、饲养水平及杂交等因素。

（一）品种类型的影响

牛的品种和类型是决定生长速度和肥育效果的重要因素，两者对牛的产肉性能起着主要作用。从品种和生产类型来看，肉用品种牛与乳用品种牛、乳肉兼用品种牛和役用品种牛相比，其生产力高。这不仅表现在它能较快地结束生长期，能早期肥育，提前出栏，节约饲料，获得较高的屠宰率和胴体出肉率，而且胴体所含的不可食部分（骨和结缔组织）较少，脂肪在体内沉积均匀，大理石纹状结构明显，肉味优美，品质好。不同品种间比较表明：肉用牛的净肉率高于中国黄牛，中国黄牛则高于乳用牛。

从体型来看,牛的肉用体型越明显,其产肉能力也越高。断奶后在同样条件下,当饲养到相同的胴体等级(体组织比例相同)时,大型晚熟品种(如夏洛莱牛)所需的饲养时期较长,小型早熟品种(如安格斯牛)饲养时期较短,出栏早。根据对300头牛的饲养试验,断奶后在充分饲喂玉米青贮料和玉米精料的条件下,饲养到一定胴体等级时(体脂肪达30%),夏洛莱牛平均需200 d(体重达522 kg),海福特牛需155 d(470 kg),安格斯牛需140 d(442 kg),平均日增重分别为1.38 kg,1.33 kg和1.28 kg。

(二)年龄的影响

牛的年龄对牛的增长速度、肉的品质和饲料报酬有很大影响。幼龄牛的肌纤维较细嫩,水分含量高,脂肪含量少,肉色淡,经肥育可获得最佳品质的牛肉。老龄牛结缔组织增多,肌纤维变硬,脂肪沉积减少,肉质较粗又不易肥育。

从饲料报酬上看,一般是年龄越小,每千克增重消耗的饲料越少。因年龄较大的牛,增加体重主要依靠在体内贮积高热能的脂肪;而年龄较小的牛则主要依靠肌肉、骨骼和各种器官的生长增加其体重。据邱怀等(1982)报道,秦川牛每千克增重所消耗的营养物质以13月龄牛为最少(平均5.81 kg),其次是18月龄牛(平均为9.58 kg),再次为22.5月龄牛(15.23 kg)。即年龄越大,增重越慢,每千克增重消耗的饲料越多。从屠宰指标而言,据邱怀等(1982)研究,在相同的饲养条件下,22.5月龄牛的屠宰率、净肉率、肉骨比最高,其次是18月龄牛,再次是13月龄牛。而眼肌面积则为18月龄大于22.5月龄牛,22.5月龄牛大于13月龄牛。国外对肉牛的屠宰年龄要求大多为:1.5~2.0岁,国内为1.5~2.5岁。

(三)杂交优势的影响

无论品种间杂交还是改良性杂交,其后代均表现出良好的杂交优势。研究表明,肉牛品种间杂交,其后代的生长速度、饲料转化效率、屠宰率和胴体产肉率等明显增加,较原纯种牛多产肉10%~15%,甚至高达20%。用国外肉牛品种改良中国黄牛,其后代的肉用生产性能较当地牛可提高5%~15%。

(四)性别与去势的影响

牛的性别对肉的产量和肉质亦有影响。一般来说,母牛的肉质较好,肌纤维较细,肉柔嫩多汁,容易肥育。过去习惯对公犊去势后再肥育,认为可以降低性兴奋,性情温驯、迟钝,容易肥育。但国内、外的研究表明,胴体重、屠宰率和净肉率的高低顺序为公牛、去势牛、母牛(冯仰廉等,1995)。同时,随着胴体重量的增加,其脂肪沉积能力则以母牛最快,去势牛次之,公牛最慢。育成公牛比阉牛的眼肌面积大,对饲料有较高的转化率和较快的增重速度,一般生长率高,每增重1 kg所需饲料比阉牛平均少12%,因此公牛的肥育逐渐得到重视。

对于采用公牛或阉牛肥育,还因饲养方式和饮食习惯而异。美国的肉牛胴体质量等级其中的一个重要依据是脂肪沉积,故以饲养阉牛为主;欧洲共同体国家以规模饲养的方式为主,多为“一条龙”的饲养方式,且在肉食习惯上注意并喜食瘦肉,所以以饲养公牛为主。日本讲究吃肥牛肉,以养阉牛为主。根据Arthaud等(1977)报道,公牛的日增重比阉牛平均提高13.5%,饲料利用率提高11.7%。Kay和Hou Semaan(1974)研究表明:公牛胴体的瘦肉含量比阉牛高8%,而脂肪含量则比阉牛低28%;Ntunde等(1977)等的研究都证明了公牛的胴体重、净肉率和眼肌面积均大于阉牛。

(五)饲养水平和营养状况的影响

饲养水平是提高牛产肉能力和改善肉质的重要因素。只有给肉牛提供高于维持自身生长发育的营养物质,才能使肉牛快速增重,如果营养的供应不足则会导致肉牛的生长发育受阻,增重速度缓慢,长期下去会导致生产力下降。给肉牛提供营养要根据肉牛不同生长发育阶段对营养要求来合理地配制日粮,如在育肥前期以肌肉和骨骼的生长为主就要注意日粮中蛋白质和矿物质的供应量,在后期以组织的沉积为主,则要注意日粮中能量的水平。但是要注意不可饲喂过量,否则会导致肉牛过于肥胖,影响品质。营养状况好、肥育良好(肥胖)的牛比营养差、肥育不良的成年牛产肉量高,产油脂多,肉的质量好,所以,牛在屠宰前必须进行肥育和肥度的评定。

(六)环境因素的影响

环境也会影响肉牛的育肥效果, 其中以环境温度的影响最大。环境温度过低,当低于 7℃时,用于维持的营养需求则增加,饲料报酬率降低,影响肉牛增重。环境温度过高,会严重影响肉牛的消化机能,使食欲下降,采食量减少,摄入的营养物质不足而影响生长发育和增重,严重时还会发生中暑死亡。因此要给肉牛提供适宜的环境温度,一般保持在 16~25℃。除了温度外,牛舍的湿度、空气质量、环境卫生都会对育肥效果产生影响,要做好肉牛育肥环境的控制工作,保持肉牛的舒适度。

总之,牛的品种和类型,年龄和性别,饲养水平和营养状况以及杂交、环境等对肉牛的生产性能均有较大影响。因此,在肉牛生产中,必须重视良种选育。根据肉牛生长发育的特点,配合良好的饲养管理,利用杂交优势,选择适宜的屠宰时间等,会极大地提高肉牛生产性能,增加经济效益。

二、肉牛生长发育规律

表示牛只生长情况的常用方法是增重，一般采用初生体重、断奶体重、1 岁体重、1.5 岁体重、平均日增重等指标。增重受遗传和饲养两方面的影响,增重的遗传能力较强,据估计断奶后增重速度的遗传力为 0.5~0.6,是选种重要指标。

牛的增重速度除受遗传、饲养管理、年龄等因素影响之外,还与性别有关。公牛增重最快,其次是阉牛,母牛增重最慢。饲料转化率也以公牛最高。肉牛在生长期间,其身体各部位、各组织的生长速度是不同的。早期的重点是头、四肢和骨骼;中期则转为体长和肌肉;后期即成年,重点是体重和脂肪。牛在幼龄时四肢骨骼生长较快,以后则躯干生长较快。随着年龄的增长,牛的生长速度由快到慢,脂肪组织的生长速度由慢到快,骨骼的生长速度则平稳。

(一)肌肉比例的变化

胴体中肌肉与骨骼相对比重在初生的正常犊牛为 2:1，当肉牛体重达到 500 kg 时,比例为 5:1。即肌肉与骨骼比率随着生长也在增加。可见,肌肉的相对生长速率比骨骼要快得多,肌肉与活重的比例很少受活重或脂肪的影响。对肉牛来说,肌肉重占活重的百分数,是产肉量的重要指标。

(二)脂肪比例的变化

胴体中的脂肪在开始生长时速率相对较慢,进入肥育期后脂肪增长很快。但牛的性别影响其增长速度。以脂肪与活重的相对比例来看,青年母牛较阉牛肥育快一些,阉牛较公牛早一些,快一些。影响因素是牛的品种,有些品种如英国的安格斯牛、海福特牛、短角牛,成熟得早,肥育也早;有些品种如欧洲大陆的夏洛莱牛、西门塔尔牛、利木赞牛成熟得晚,肥育也晚。

牛体躯脂肪组织生长的顺序是:肾脂肪与腹腔和盆腔脂肪、肌肉间脂肪、皮下脂肪;然后是肌肉内脂肪即雪花肉。要获得肌肉内脂肪很容易肥育过度,使胴体积贮了过多的脂肪,如像肾脂肪、皮下脂肪在胴体修整时可以去掉,但肌肉间脂肪则不好处理,影响牛肉的品质。

(三)骨骼比例的变化

初生时牛体中的骨骼相当发达,在牛头及四肢下肢中占有一定的数量。肌肉/骨骼比率反映了活重中肌肉的比例。肌肉骨骼比率大,活重中肌肉的比例也大。

根据上述规律,应在不同的生长期给予不同的营养物质,特别是对于肉牛的合理肥育,具有指导意义。即在生长早期应供给幼牛丰富的钙、磷和维生素 A 和维生素 D,以促进骨骼的增长;在生长中期应供给丰富而优质的蛋白质饲料和维生素 A,以促进肌肉的形成;在生长后期应供给丰富的碳水化合物饲料,以促进体脂肪的沉积,加快肉牛的肥育。

肉牛肌肉、骨骼和脂肪的生长规律还受品种、性别等的影响。早熟品种牛的肌肉和脂肪生长速度较晚熟品种牛快;肉用品种牛的肌肉和脂肪生长速度较其他品种快。脂肪生长能力以肉用品种最强。不同性别之间脂肪生长情况也不一样,母牛易沉积脂肪,其次是阉牛,公牛则肌肉增长能力强,而脂肪生长速度最慢。因此,如需要脂肪组织少的牛肉,则可直接将公牛肥育而无须去势。

(四)内脏器官增长规律

肉牛生长期内,各内脏器官的增长速度不同,有的增长率高,有的增长率低。大致规律是:胃容积增长最快,其中瘤胃增长速度比真胃又快;肠道容积或长度,大肠增长速度比小肠快;体重增长速度一般较消化器官增长慢,见表4–1。

表4–1 犊牛不同月龄体重与胃、肠的变化

项目	体重/kg	胃容积/L		肠长度/m	
		真胃	瘤胃	小肠	大肠
初生	41.5	1.3	0.7	16.0	2.0
1月龄	65.7	4.9	8.5	21.5	3.5
5月龄	230.5	20.5	65.0	26.5	10.0
5月龄时为初生的倍数	5.6	15.8	92.8	1.7	5.0

由表4–1可以看出,犊牛瘤胃和大肠的增长率较高,这为肉牛断奶后采食粗饲料创造了条件。因此,在培育幼牛时应尽早训练其吃粗饲料,这样做有利于消化机能的锻炼,为以后具备消化大量粗饲料的能力奠定基础。但对种用公牛,在幼年时期不宜饲喂过多的粗饲料,以防形成"草腹",影响其种用价值。

三、肉牛生产力测定

(一)体重测定与计算

牛的体重是生产力的重要指标之一,根据它可估计生长发育情况,役用能力及产肉性能等。体重也是计算营养需要、给药量等的基础。体重还与一些生理、生化、生物特性有关,在进行科学研究时也必须知道其体重。测定方法如下。

体重测量所用的称量工具为磅秤，要求牛能够在上面正常站立；最大称量范围能够满足所称牛体重的需要，一般为1 000 kg；感量应为0.5 kg或以下。为保证测定数据的准确性，每头牛最好测定2次。详细做好记录。

(二)体尺测定

体尺即牛体某一部位的长或宽的度量。

1. 测定方法

体尺测量所用的测量器具有测杖、卷尺、圆形测定器和测角计。主要部位的测量方法如下：

体高：又称鬐甲高，为鬐甲最高点到地面的垂直距离。用测杖测量。

体直长：肩胛前缘(肱骨突)与坐骨结节间的水平距离。用测杖测量。

体斜长：由肩端(即肱骨突)前端至同侧坐骨结节后缘间的距离。若用于表示家畜体长则用测杖量取两点间的最短距离，若用来估测家畜的体重则用卷尺量取，须注明。

管围：前肢掌骨上1/3处(最细处)的周径。用卷尺测量。

胸深：沿着肩胛骨后角，从鬐甲至胸骨间的垂直距离。用测杖或圆形测定器测量。

胸宽：沿两肩胛后缘量胸部最宽的距离。用测杖测量或圆形测定器测量。

胸围：肩胛骨后缘处体躯的水平周径，其松紧度以能插入食指和中指自由滑动为准。用卷尺测定。

腰角宽：两腰角外缘间的距离。用测杖或圆形测定器测量。

背高：最后一个背椎骨结节垂直到地面的距离。用测杖测量。

腰高:又称十字部高,为两腰角连线之中央至地面的垂直距离。用测杖测量。

2. 体尺指数计算

体尺指数是一种体尺对另一种与之在解剖构造和生理功能方面相关体尺的比率,可显示两部位之间的相互关系,在一定程度上反映各部位是否发育完全、匀称和符合某一生产类型、品种等的特征。

①体长指数:表示体长与体高的相对发育。体长指数=(体斜长/体高)×100

②体躯指数:表示躯干容量的发育程度。体躯指数=(胸围/体长)×100

③胸围指数:表示役牛役用能力的大小。胸围指数=(胸围/体高)×100

④管围指数:管围指数=(管围/体高)×100

⑤尻宽指数:尻宽指数=(坐骨端宽/腰角宽)×100

(三)饲料报酬的计算

饲料报酬是衡量经济效益和品种质量的一项重要指标;根据饲养期内总增重、净肉重、饲料消耗量计算每千克增重和净肉的饲料消耗量,可作为考核肉牛经济效益的指标。

增重 1 kg 消耗饲料干物质 (kg)=饲养期内消耗饲料干物质总量/饲养期内绝对增重量

生产 1 kg 净肉需饲料干物质 (kg)=饲养期内消耗饲料干物质总量/屠宰后的净肉重

在生产成本中,饲料消耗占比重最大,降低单位增重的饲料消耗量,是肉牛肥育及育种的一项基本任务。

(四)屠宰性能与胴体品质测定

1. 产肉性能的测定

肉牛产肉性能的测定指标就是肉牛在屠宰时的测定指标,主要有重量测定、长度测定

①重量测定

宰前重:屠宰前绝食24 h,临宰时的实称体重。

宰后重:屠宰放尽血后的重量。

血重:宰前重减去宰后重。

胴体重:胴体重=宰前重活重-[血重+皮重+内脏重(不含板油和肾脏)+头重+尾重+腕附关节以下的四肢重]。

净体重:屠宰放血后,再除去胃肠及膀胱内容物的重量。

骨重:胴体剔除肉后的重量,即胴体重-净肉重。要求精细剔骨,骨上带肉不超过1.5 kg。记录时要注明是热肉还是冷肉。

净肉重:胴体剔除骨后的全部肉重。

切块部位肉重:胴体按切块要求切块后各部位的重量。

头、蹄、皮、油、内脏重:其中,油重为板油、花油、肠油、骨盆油重的合计;内脏重须分别称取,心、肝、脾、肺、肾、胰、瘤胃、网胃、瓣胃、真胃、小肠、大肠、直肠、盲肠及膀胱的重量。

②厚度及眼肌面积测定

皮厚:测量右侧第10肋骨椎骨端的双层皮厚再除2。

肌肉厚度:大腿肌肉厚是自体表至股骨体中点的垂直距离。腰部肌肉厚是自体表至第三腰椎横突的垂直距离。

皮下脂肪厚度:背脂厚是第五六胸椎处背中线两侧的皮下脂肪厚度。腰脂厚是第12肋骨处的皮下脂肪厚度。

眼肌面积:第12~13肋骨间切开,在第12肋骨前缘用硫酸纸

将眼肌面积描 2 次,用求积仪或方格透明卡片(每格为 1 cm^2)算出眼积面积。

2. 产肉力计算

屠宰率:指胴体重占活重的比率,是表明肉牛生产性能的常用指标。肉牛屠宰率超过 50%为中等指标,超过 60%为高指标。屠宰率%=胴体重/宰前重×100%

胴体产肉率:指胴体净肉重占胴体重的比率。一般为 80%~88%。胴体产肉率%=净肉重/胴体重×100%

肉骨比:肉骨比=胴体净肉重/胴体骨骼重

肉脂比:肉脂比=净肉重/脂肪重

优质切块:优质切块=腰部肉+短腰肉+膝圆肉+臀部肉+后腿肉+里脊肉

3. 肉品质测定

肌肉的色泽:要求肌肉颜色鲜红,有光泽,肌纤维的纹理较细(颜色过深或过浅均不符合要求)。

脂肪的色泽:脂肪以白色、有光泽、质地较硬;有黏性为最好。

pH:测定时间为宰杀后 3~4 h,用 pH 计测定。

熟肉率:取一侧腰大肌中段 100~200 g,将表面附着的脂肪去除,装入自封袋内,置于冰箱冷藏熟化 24 h,参照 NY/T1333—2007 方法测定。

失水率(%):采用压力测定法,取腰椎后背最长肌肉样一段,采用双片刀垂直于肌纤维方向切取厚的肉片,平置在洁净的橡皮片上,将中心部分眼肌样品用直径为 2.523 cm 的锋利圆形取样器切取 1 块。立即将上述取得的样品用感应量为 0.000 1 g 的天平称重,称重后将样品置于上、下各垫 18 层定性中速滤纸的 2 层纱布间，放置在 35 kg 的压力下加压 5 min，称重。肉品失水率(%)=(压前重量-压后重量)/压前重量×100%。

剪切值:取背最长肌,将表面附着的脂肪去除,装入自封袋内,置于冰箱冷藏熟化 24 h,参照 NY/T 1180—2006 的方法用剪切力仪进行测定。

肉的化学成分分析:取 9~11 肋骨样块的全部肌肉作化学分析样品(不包括背最长肌),测定水分、灰分、脂肪及蛋白质的含量。

肌纤维密度与直径:用石蜡切片机制片,再用光学显微镜测定。

4. 我国牛胴体的分级

牛胴体的分级标准是由国家有关部门规定的,其分级方法有两种:

(1)根据牛肉的部位分级。分为一级、二级、三级肉。一级肉是指腰部、胸部、背部、大腿等处的肉,质量最好。二级肉是指腹部、肩胛部的肉,质量较次。三级肉是指前颈和小腿部的肉,质量差。

(2)根据牛肉的鲜度分级。分为一级鲜度和二级鲜度。鲜牛肉系指活牛屠宰加工后,经兽医卫生检验,符合鲜销而未经冷冻的牛肉。具体分级见表 4–2。

表 4–2 牛肉胴体的鲜度分级标准

项目	一级鲜度	二级鲜度
色度	肌肉有光泽,红色均匀,脂肪洁白或淡黄	肌肉色稍暗,切面尚有光泽,脂肪缺乏光泽
黏度	外表风干或有风干膜,不粘手	外表干燥或粘手,新切面湿润
弹性	指压后的凹陷立即恢复	指压后的凹陷恢复慢，且不能完全恢复
气味	具有鲜牛肉的正常气味	稍有氨味或酸味
煮沸后肉汤	透明澄清,脂肪团聚于表面,具有特殊香味	稍有浑浊，脂肪呈滴浮于表面,香味差或无鲜味

第五章 肉牛常用(粗)饲料加工调制技术

根据分类原则,按照饲料的营养特性,目前我国将饲料主要分为青绿饲料、青贮饲料、粗饲料、能量饲料和蛋白质饲料等。肉牛常用饲料为粗饲料和精饲料。粗饲料是指饲料干物质中粗纤维含量大于或等于18%,以风干物为饲喂形式的饲料,如干草类、农作物秸秆类。其中,青贮饲料是指将新鲜的青饲料切短装入密封容器里,经过微生物发酵作用,制成一种具有特殊芳香气味、营养丰富的多汁饲料。它能够长期保存青绿饲料的特性,扩大饲料资源,保证家畜均衡供应青绿多汁饲料。

一、青绿饲料

青绿饲料指天然水分含量60%及其以上的青绿多汁饲料。包括:草地青草、田间杂草、栽培牧草、树枝嫩叶、菜叶类,以及非淀粉质的块根、块茎类及瓜果类(如饲用甜菜、胡萝卜、马铃薯等)。青绿饲料因水分含量大,能量较低,俗称易吃个"水饱";青绿饲料含较多草酸,具有轻泻作用,易引起腹泻,影响钙的吸收;叶菜类含较多的硝酸盐,贮存不当时易变成亚硝酸盐,饲喂过量会引起亚硝酸盐中毒。因此在饲喂此类青绿饲料时应注意与能量饲料、蛋白质饲料搭配使用。青绿饲料补饲量不要超过日粮干物质的20%。

(一)营养特性

青绿饲料新鲜茎叶在自然状态下水分含量高(70%~95%),富含叶绿素、含有丰富的粗蛋白质,且蛋白质生物学价值较高,尤其含有对泌乳家畜特别有利的叶蛋白:含各种维生素,胡萝卜素尤为丰富;在青饲季节,牛体内贮存大量胡萝卜素及维生素A,供枯草期消耗;含丰富的钙、钾等元素,尤其是豆科牧草中,钙的含量更为丰富,且钙、磷比例适宜,所以以青绿饲料作为主要饲料的牛不会出现缺钙现象;粗纤维含量低,木质素少,无氮浸出物较高;青绿饲料幼嫩多汁,适口性好,具有刺激消化腺分泌的作用,消化率高,并可提高日粮的利用率。但青绿饲料水分含量高,能量相对较低。

(二)常见青绿饲料

1. 天然牧草

天然牧草主要指草地牧草及田间杂草,一般认为田间杂草质量较佳,河滩、池塘边的青草质量次之,干旱半干旱荒地的青草品质较差。野杂草在农区也是重要的饲料资源,是肉牛蛋白质、维生素和钙的重要来源。

利用天然牧草应注意以下问题:天然牧草木质化快,因此,无论放牧或青刈利用均需及时,在抽穗、开花前后利用较为适宜,结籽后的野草,粗纤维含量增高,适口性差,营养价值大减;要注重均衡供应,延长青饲时间,放牧时最好实行分区轮牧;使用田间杂草,必须注意是否在近期内使用过农药,以免误食而导致中毒;在春季刚开始利用青草时,青草数量少,应优先给怀孕母牛和幼牛,饲喂时要逐渐增加。

2. 栽培牧草

通常栽培的有紫花苜蓿、草木犀、斜茎黄芪(沙打旺)、苏丹草、冬牧70黑麦、燕麦等。

3. 青刈饲料作物

种植大田作物用来青饲,在肉牛业发达国家或地区已被普遍采用。这类饲料产量较高,适用于各种家畜。目前广泛使用的有青刈玉米、甜高粱等。

4. 其他叶菜类饲料

如萝卜叶、胡萝卜叶、甜菜叶等枝叶饲料,如榆、杨、柳、桑、槐等枝叶;水生饲料等。

二、青贮饲料

青贮饲料以新鲜的青刈饲料作物、牧草、各种蔓藤等为原料,铡短切碎、装填压实于青贮窖、池(壕)内,密封,隔绝空气,在厌氧环境下,通过微生物的发酵而成具有醇香气味、适口性好、营养丰富的饲料。青贮是养牛业最主要的饲料来源,在各种粗饲料加工中保存的营养物质最高(保存83%的营养),粗硬的秸秆在青贮过程中还可以得到软化,增加适口性,使消化率提高。在密封状态下可以长年保存,制作简便,成本低廉。

(一)营养特性

青贮饲料基本上保持了青绿饲料原有的特点。其共同特点是粗蛋白质主要由非蛋白氮组成,且酰胺和氨基酸的比例较高,大部分淀粉和糖类分解为乳酸,粗纤维质地变软,胡萝卜素含量丰富,醇香可口,且具有轻泻作用。

(二)常见青贮饲料

青贮原料很多,凡是无毒的青绿植物均可调制成青贮饲料。

1. 禾本科作物

(1)玉米青贮

①玉米秸秆青贮:收获棒穗后的玉米能保留 1/2 的绿色叶片,应立即青贮。若部分秸秆发黄,3/4 的叶片干枯视为青黄秸秆,制作时视其秸秆水分散失程度每 100 kg 需补加水 5~35 kg。目前已培育出收获果穗后玉米秸秆全株保持绿色的玉米新品种,很适合作青贮。玉米秸秆青贮是目前我国农区肉牛的主要饲料。

②全株玉米青贮:即青刈带穗玉米青贮。指在玉米乳熟后期收制,将玉米秸秆茎叶与果穗整株切碎进行青贮。这样可以最大限度地保存蛋白质、碳水化合物和维生素,具有较高的营养价值和良好的适口性,是牛的优质饲料。全株玉米青贮饲喂牛,只需添加蛋白质和矿物质等营养成分,就可满足牛的营养需要。

(2)高粱青贮:高粱植株高 3 m 左右,产量高。茎秆内含糖量高,特别是甜高粱,可调制成优良的青贮饲料,适口性好。一般在蜡熟期收割。

此外,苏丹草、大麦、无芒雀麦等均是优质青贮原料。收割期约在抽穗期。禾本科作物由于含有 2%以上的可溶性糖和淀粉,青贮制作容易成功。

2. 豆科作物

苜蓿、红豆草、豌蚕豆等通常在初花期收割。因其含粗蛋白质高,糖分少,在制作高水分青贮时应与含可溶性糖、淀粉多的饲料混合青贮。例如,与玉米、高粱秸秆混贮;与糠麸混贮;与甜菜、马铃薯混贮;或者经晾晒水分低于 55%时进行半干青贮。

3. 蔬菜饲料

胡萝卜缨、白菜、莲花菜、马铃薯秧、南瓜秧以及野菜料等，因含水量高、糖分低不易青贮。通常经晾晒水分降至55%以下进行半干青贮或者与含糖高、水分低的其他饲料混贮。

4. 块根、块茎青贮

如萝卜、饲用甜菜、马铃薯等，含有大量的淀粉，如与干草粉混贮，效果较好。

(三)合理利用

在饲喂时，青贮饲料可以全部代替青饲料，但应与碳水化合物含量丰富的饲料搭配使用，以提高瘤胃微生物对氮素的利用率。牛对青贮饲料有一个适应过程，饲喂时用量应由少到多逐渐增加，日喂量15~20 kg。禁用霉烂变质的青贮料喂牛。

三、粗饲料

干物质中粗纤维含量在18%以上的饲料均属粗饲料。包括青干草、秸秆、秕壳和部分树叶等。

(一)营养特性

粗纤维含量高，可达25%~50%，并含有较多的木质素，难以消化，消化率一般为6%~45%；秸秆及秕壳类饲料中的无氮浸出物主要是半纤维素和多缩戊糖的可溶部分，消化率很低，如花生壳无氮浸出物的消化率仅为12%。粗蛋白质含量低且差异大，为3%~19%。粗饲料中维生素D含量丰富，其他维生素含量低。优质青干草含有较多的胡萝卜素，秸秆和秕壳类饲料几乎不含胡萝卜素。矿物质中钙较丰富，含磷很少。

(二)常见的粗饲料

1. 干草

干草是青绿饲料在尚未结籽以前刈割,经过自然日晒或人工干燥而制成的,能较好地保留青绿饲料的养分和绿色状态的饲草。干草作为一种贮备形式,调节青饲料供应的季节性不均衡问题,是牛的最基本、最重要饲料。可以制成干草的有禾本科牧草、豆科牧草、天然牧草等。要注意发霉腐烂、含有毒植物的干草不可掺入饲喂。

优质干草叶多,适口性好,蛋白质含量较高,胡萝卜素,维生素D、维生素E及矿物质丰富。粗蛋白质含量禾本科干草为7%~13%,豆科干草为10%~21%;粗纤维含量高,为20%~30%,所含能量值为玉米的30%~50%。

2. 秸秆

农作物收获籽实后的茎秆、叶片等统称为秸秆。秸秆中粗纤维含量高,可达30%~45%,其中木质素多,一般为6%~12%。可发酵氮源和过瘤胃蛋白质含量过低,有的几乎等于零。单独饲喂秸秆时,牛瘤胃中微生物生长繁殖受阻,影响饲料的发酵,不能提供必需的微生物蛋白质和挥发性脂肪酸,难以满足牛对能量和蛋白质的需要。秸秆中无氮浸出物含量低,此外还缺乏一些必需的微量元素,并且利用率很低。除维生素D外,其他维生素也很缺乏。

(1)玉米秸:刚收获的玉米秸,营养价值较高,但随着贮存期延长(风吹、日晒、雨淋),营养物质损失较大。一般玉米秸粗蛋白质含量为5%,粗纤维为25%,牛对其粗纤维的消化率为65%左右;同一株玉米秸的营养价值,上部比下部高,叶片较茎秆高。不同品种玉米秸秆,营养价值不同。玉米穗苞叶和玉米芯营养价值较低。

(2)麦秸:包括小麦秸、大麦秸、燕麦秸等。小麦秸在麦秸中数量最多,春小麦比冬小麦好。小麦秸营养低于大麦秸,燕麦秸的饲用价值最高。总之,麦秸的营养价值较低,其中木质素含量很高,含能量低,消化率低,适口性差,是质量较差的粗饲料。该类饲料饲喂肉牛时必须经过适当的氨化和碱化处理。

(3)稻草营养价值低于玉米秸、谷草类,优于小麦秸,是我国稻类地区草食家畜的主要粗饲料来源。粗蛋白质含量为 2.6%~3.2%,粗纤维 21%~33%,灰分含量高,但主要是不可利用的硅酸盐,钙、磷含量低。牛对稻草的消化率为 50%左右,经氨化和碱化处理后可显著提高其消化率。

(4)糜谷草:在禾本科秸秆中,糜谷草品质最好。质地柔软、叶片多,适口性好。在北方黄土高原丘陵地区,糜谷草为牛羊的优质饲料。

(5)豆秸:指豆科秸秆。由于大豆秸木质素含量高达 20%~23%,质地坚硬,但与禾本科秸秆相比,粗蛋白质含量和消化率较高。在豆秸中蚕豆秸和豌豆秸质地较软,品质较好。由于豆秸质地坚硬,应粉碎后饲喂,以保证能充分利用。

3. 秕壳

指作物籽实脱离时分离出的荚皮、外壳等,营养价值略高于同一作物的秸秆,但稻壳和花生壳质量较差。

(1)豆荚:含粗蛋白质 5%~10%,无氮浸出物 42%~50%,适于喂牛。大豆皮(大豆加工中分离出的种皮),营养成分约为粗纤维 38%、粗蛋白 12%、净能 7.49 MJ/kg,对于反刍家畜其营养价值相当于玉米等谷物。

(2)谷类皮壳:包括小麦壳、大麦壳、高粱壳、稻壳、谷壳等。营养价值低于豆荚。稻壳的营养价值最差。

(3)棉子壳:含粗蛋白质为4.0%~4.3%,粗纤维41%~50%,消化能866 MJ/kg,无氮浸出物34%~43%。棉子壳虽然含棉酚0.01%,但对牛影响不大。喂小牛时最好喂1周更换其他粗料1周,以防棉酚中毒。

四、能量饲料

干物质中粗纤维含量在18%以下,粗蛋白质含量在20%以下,消化能在10.46 MJ/kg以上的饲料,是牛能量的主要来源。主要包括谷实类及其加工副产品(糠麸类)、薯粉类和糖蜜等。

(一)谷实类饲料

谷实类饲料大多是禾本科植物成熟的种子,包括玉米、小麦、大麦、高粱、燕麦和稻谷等。其主要特点是:可利用能值高,适口性好,消化率高;粗蛋白质含量低,一般在10%左右,难以满足肉牛蛋白质需要;矿物质含量不平衡,钙低磷高,钙、磷比例不当;维生素含量不平衡。一般含维生素B_1、烟酸和维生素E丰富,维生素A、维生素D含量低,不能满足牛的需要。

1. 玉米

玉米被称为“饲料之王”,其特点是可利用能量高,亚油酸含量较高。蛋白质含量低(9%左右)。黄玉米中叶黄素含量丰富,平均为22 mg/kg。钙、磷均少,且比例不合适,是一种养分不平衡的高能饲料。玉米用量可占肉牛混合料的60%左右。压片玉米较制粒喂牛效果好,粗粉比细粉效果好。高油玉米,油含量比普通玉米高1.0~1.4倍,蛋白质和氨基酸、胡萝卜素等也高于普通玉米,饲喂牛效果好。

2. 小麦

在我国某些地区，小麦的价格比玉米便宜很多，可用小麦充作饲料。与玉米相比，小麦能量较低，粗脂肪含量仅 1.8%，但蛋白质含量较高，达到 12.1%以上，必需氨基酸的含量也较高。所含 B 族维生素及维生素 E 较多，维生素 A、维生素 D、维生素 C、维生素 K 则较少。小麦的过瘤胃淀粉较玉米、高粱低，肉牛饲料中的用量以不超过 50%为宜，并以粗粉碎和压片效果较佳，不能整粒饲喂或粉得过细碎饲喂。

3. 大麦

一般带壳大麦为“草大麦”，不带壳大麦为“裸大麦”。带壳的大麦，即通常所说的大麦，它的代谢能水平较低，但适口性很好，因含粗纤维 5%左右，可促进动物肠道的蠕动，使消化机能正常，是牛的好饲料。蛋白质含量高于玉米，约 10.8%，品质亦好；维生素含量一般偏低，不含胡萝卜素。裸大麦代谢能水平高于草大麦，比玉米籽实低得多，蛋白质含量高。喂前最好压扁或粗粉碎，但不要磨细。

4. 高粱

能量仅次于玉米，蛋白质含量略高于玉米。高粱在瘤胃中的降解率低，但因含有单宁，适口性差，并且喂牛易引起便秘。用量一般不超过日粮的 20%，若与玉米配合使用效果增强，可提高饲料的利用率。喂前最好压碎。

5. 燕麦

总的营养价值低于玉米，但蛋白质含量较高约 11%；粗纤维含量较高 10%~13%，能量较低；富含 B 组维生素，脂溶性维生素和矿物质较少,但磷多钙少。燕麦是牛的好饲料,喂前应适当粉碎。

(二)糠麸类饲料

谷实类作物饲料的加工副产品,主要包括小麦麸皮和稻糠以及其他糠麸。其共同的特点是除纤维含量少,热能低于玉米,粗蛋白质含量38%左右,无氮浸出物含量(40%~62%)较少外,其他各种养分均较其原料含量高。粗蛋白质15%左右;有效能值低,为谷实类饲料的一半。含磷多钙少,含有丰富的B族维生素,但胡萝卜素及维生素E含量较少。

1. 麸皮

其营养价值因麦类品种和出粉率的高低而变化。粗纤维含量较高,属于低能饲料。麸皮质地松软,适口性好,是牛良好的饲料,具有轻泻作用,母牛产后喂以适量的麦麸粥,可调养消化道机能。

2. 米糠

为去壳稻粒(糙米)制成精米时分离出的副产品,由果皮、种皮、糊粉层及胚组成。米糠的有效营养成分变化较大,随含壳量的增加而降低。粗脂肪含量较高,易在微生物及酶的作用下发生酸败霉变。为使米糠便于保存,可经脱脂加工生产米糠饼。经榨油后的米糠饼脂肪和维生素减少,其他营养成分基本被保留下来,肉牛用量可达20%,脱脂米糠用量可达30%。

3. 其他糠麸

主要包括玉米糠、高粱糠和小米糠。其中以小米糠的营养价值最高。高粱糠的消化能和代谢能较高,但含有单宁,适口性差,易引起便秘,应限量使用。

(三)薯粉类饲料

薯粉类主要包括马铃薯、红薯等。按干物质中的营养价值考虑,属于能量饲料。

马铃薯含干物质18%~26%，每3.5~4.0 kg相当于1 kg谷物,干物质中80%淀粉,易消化,但缺乏钙、磷和胡萝卜素。每日每头牛最高喂量20 kg,与蛋白质饲料谷实饲料混喂效果较好。当马铃薯贮存不当发芽时,在其青绿皮上、芽眼及芽中含有龙葵素,采食过量会导致牛中毒。因此,马铃薯发芽时,一定要清除或削去绿皮和芽,并进行蒸煮,蒸煮用的水不能用于喂牛。

(四)糖蜜、甜菜渣

糖蜜又称糖浆,是在制作过程中,将制糖原料压榨出的汁液,经加热等工序后,所剩下的浓稠液体,俗称废糖蜜。按原料不同,可分为甜菜糖蜜、甘蔗糖蜜、柑橘糖蜜及淀粉糖蜜,其主要成分为糖类,蛋白质含量较低,矿物质含量较高,维生素含量低,水分含量高,能值低,具有轻泻的作用。肉牛用量宜占日粮的10%~20%。

甜菜渣是甜菜制糖压榨后的残渣。新鲜甜菜渣含水量为70%~80%,为了便于运输和贮存,可制成干甜菜渣。其干燥品中无氮浸出物含量高,可达56.5%,而粗蛋白质和粗脂肪含量少。鲜甜菜渣适口性好,易消化,是肉牛良好的多汁饲料,对泌乳母牛还有催乳的作用。用来喂牛可代替50%左右的青贮饲料,并节约部分精料。肉牛每天的喂量为20~40 kg。干甜菜渣饲喂肉牛占日粮精料的50%时,可得到与饲喂大麦等谷物饲料相同的育肥效果。但注意饲喂前先用水浸泡5~6 h,以免因吸水膨胀,影响正常的消化。

甜菜渣不仅可以鲜喂、干喂,也可以进一步加工利用,如制作成甜菜渣青贮饲料、甜菜颗粒粕和固态发酵等,可提高其利用率。

五、蛋白质饲料

蛋白质饲料指干物质中粗纤维含量在18%以下，粗蛋白质含量为20%以上的饲料。由于反刍动物禁用动物蛋白饲料,因此对于肉牛主要包括植物性蛋白质饲料、单细胞蛋白质饲料、非蛋白氮饲料等。

(一)植物性蛋白质饲料

1. 饼粕类饲料

压榨法制油的副产品称为饼,溶剂浸提法制油后的副产品称为粕。

(1)大豆饼(粕):优质的蛋白质饲料原料。其粗蛋白质含量为38%~47%，且品质较好，尤其是赖氨酸含量是饼粕类饲料最高者,可达2.4%~2.8%,是棉仁饼、菜籽饼、花生饼的2倍左右。但蛋氨酸不足。大豆饼适口性好,各阶段牛的饲料中均可使用,且长期使用不必担心厌食问题。其可替代犊牛代乳料中部分脱脂乳,并对各类牛均有良好的生产效果。

(2)棉籽饼(粕):由于棉籽脱壳程度及制油方法不同,营养价值差异很大。粗蛋白质含量16%~44%,粗纤维含量10%~20%,因此有效能值低于大豆饼(粕)。棉籽饼(粕)蛋白质的品质不太理想,精氨酸含量高,而赖氨酸只有大豆饼(粕)的一半,蛋氨酸也不足。棉籽饼中含有游离棉酚,长期大量饲喂会引起中毒。牛如果摄取过多(日喂8 kg以上)或食用时间过长,会导致中毒。犊牛日粮中一般不超过20%,种公牛日粮中不超过30%。据报道,短期强度育肥架子牛日粮中棉籽饼可占精料60%。

(3)胡麻饼(粕):胡麻籽脱油后的加工副产品。其营养价值受加工方法及其品种因素的影响差异较大,粗蛋白质含量与棉籽饼粕、菜籽饼粕相似,一般为 32%~34%。其氨基酸组成不佳,赖氨酸和蛋氨酸含量较低,分别为 1.12%和 0.45%,但精氨酸含量高,可高达 3.0%左右,致使赖氨酸与精氨酸比值为 1:2.5 左右。所以在使用胡麻饼(粕)时,要考虑添加赖氨酸或与含赖氨酸高的饲料搭配。胡麻饼(粕)是反刍动物良好的蛋白质来源,适口性好,肉牛日粮中均可使用,且育肥效果好。由于其含有黏性胶质(亚麻籽胶),具有润肠通便的效果,可当作抗便秘剂。研究表明,胡麻饼(粕)中含有(约 10%)可改善动物皮毛发育的因子,因此饲喂胡麻饼(粕)可使动物有毛光皮滑的润泽外观。

(4)菜籽饼(粕):油菜籽榨油后得到的副产品,是一种良好的蛋白质饲料,其粗蛋白质的含量为 36%(饼)~38%(粕),其氨基酸组成特点是蛋氨酸含量较高,约 0.7%,在饼粕类饲料中名列第 2(仅次于芝麻饼粕);赖氨酸含量也较高,为 2.0%~2.5%,仅次于大豆饼粕,名列第 2。其矿物质中钙和磷的含量均高,特别是硒含量为 1.0 mg/kg,是常用植物性饲料中最高者。但有效能值较低,适口性较差,由于含有硫葡萄糖苷、芥酸等有毒物质,使得菜籽饼(粕)受到了一定的限制。肉牛精料中使用 5%~20%对其生长、胴体品质均无不良影响。但要限量并与其他饼粕搭配使用。

(5)葵花(仁)饼粕:葵花又名向日葵。其营养价值主要取决于脱壳程度,完全脱壳的葵花仁饼粕营养价值较高,其粗蛋白质含量可达 42%(饼)~46%(粕)。我国的葵花饼粕粗蛋白质含量较低,一般为 28%~32%,视其脱壳程度而定。其氨基酸组成特点为赖氨酸含量不足,为 1.1%~1.2%,低于棉仁饼粕,更低于大豆饼粕;但蛋氨酸含量较高,为0.6%~0.7%,高于大豆饼粕、棉仁饼粕。葵花饼粕对反刍家畜适口性好,是良好的蛋白质来源。对于肉牛的饲用价值较高,在增重、饲料效率等方面与棉籽饼粕有同等的营养价值。

2. 其他食品工业副产品

(1)玉米蛋白粉:又名玉米面筋粉,是玉米淀粉厂的主要副产品之一。因加工方法和条件不同,粗蛋白质的含量为25%~60%。蛋氨酸含量较高,而赖氨酸和色氨酸严重不足。粗纤维含量低,易消化。胡萝卜素含量高;代谢能水平接近玉米,属高能量饲料。由于其蛋白质瘤胃降解率较低,是常用的非降解蛋白补充料,但不及饲喂豆粕的效果好。由于其比重大,生产中应与其他体积大的饲料搭配使用。

(2)玉米麸皮料:又名玉米蛋白饲料,是含有玉米纤维质外皮、玉米浸渍液固化物、玉米胚芽饼粕和玉米蛋白粉的混合物。混合的比例因加工条件等不同,一般为40%~60%的纤维质外皮,15%~25%的玉米蛋白粉以及25%~40%的玉米浸渍液固化物。其粗蛋白质含量较低为10.6%~23.5%;无氮浸出物较高为46.5%~62.8%;粗纤维含量一般在11%以下,属于能量和蛋白质饲料之间的过渡型饲料。

(3)豆腐渣、酱油渣、粉渣:多为豆科籽实类加工副产品,干物质中粗蛋白质含量在20%以上,粗纤维较高。

鲜豆腐渣、酱油渣及粉渣是肉牛良好的多汁饲料,但不宜单喂,最好和其他蛋白质饲料、维生素类等配合饲喂。这类饲料水分含量高,一般存放时间不宜过长,否则极易被霉菌及腐败菌污染变质。

(4)白酒糟、啤酒糟:其营养价值高低因原料的种类不同而异。通常每 100 kg 酒有 375 kg 左右的酒糟。好的粮食酒糟和大麦啤酒糟要比薯类酒糟营养价值高 2 倍左右。酒糟含有丰富的蛋白质(19%~30%)、粗脂肪和丰富的 B 族维生素,是肉牛的一种廉价饲料。肉牛饲料中用啤酒糟可取代部分和全部大豆饼粕作为蛋白质来源使用,与尿素搭配可改善尿素利用效果,防止瘤胃角化不全和消化障碍。酒糟中含有一些残留的酒精,妊娠母牛不宜多喂,用量 5%~7%。各种酒糟的营养成分见表 5–1。

表 5–1 各种酒糟的成分

单位:%

类别	干物质	粗蛋白质	粗脂肪	无氮浸出物	粗纤维	粗灰分
玉米白酒糟	100	19.25	8.94	46.36	17.44	8.00
高粱白酒糟	100	17.23	7.86	44.01	19.43	11.45
大麦白酒糟	100	20.51	10.5	40.81	19.59	8.80
啤酒糟	91.70	22.20	7.90	42.50	14.90	4.60

(5)酒精糟:用发酵法生产乙醇时,可得到作为副产品的酒精糟。通常根据原料进行分类,如玉米酒精糟、糖蜜酒精糟、甘薯酒精糟等。一般酒精的发酵原料主要是玉米,在蒸馏废液中,固形部分占 5%~7%,经干燥处理后称作酒精副产品,即酒精糟,又分为:

干酒精糟(DDG),是只对蒸馏废液的固形部分进行干燥的产品。

可溶干酒精糟(DDS),是对除掉固形部分的残液加以浓缩、干燥的产品。

干酒精糟液(DDGS),是将 DDG 和 DDS 混合起来的产品。

各种酒精糟的成分见表 5–2。

表 5–2 各种酒精糟的成分

单位:%

类别	水分	粗蛋白质	粗脂肪	无氮浸出物	粗纤维	粗灰分
玉米 DDG	8.0	27.1	9.3	41.0	12.0	2.6
玉米 DDS	7.0	26.9	9.1	45.0	4.0	8.0
玉米 DDGS	10.0	28.9	12.8	32.0	11.8	4.5

(二)单细胞蛋白质饲料

主要包括酵母、真菌及藻类。以饲料酵母最具有代表性,饲料酵母含蛋白质高(40%~60%),生物学价值较高,脂肪低,粗纤维和灰分含量取决于酵母来源。B 族维生素含量丰富,矿物质中钙含量低而磷、钾含量高。酵母用量在日粮中可添加 2%~5%。

市场上销售的"饲料酵母"大多数是固态发酵生产的,确切讲,应称为"含酵母饲料",这是以玉米蛋白粉等植物蛋白饲料作培养基,经接种酵母菌发酵而成,这种产品中真正的酵母菌体蛋白含量很低,大多数蛋白仍然以植物蛋白形式存在,其蛋白品质较差,使用时应与饲料酵母加以区别。

(三)非蛋白氮饲料

非蛋白氮(NPN)指供饲料用的尿素、缩二脲、铵盐及其他合成的简单含氮化合物。其作用只是供给瘤胃微生物合成蛋白质所需的氮源,从而起到补充蛋白质营养的作用。牛瘤胃中的微生物可利用这些非蛋白氮合成微生物蛋白,和天然蛋白质一样供宿主消化利用。

尿素 [$CO(NH_2)$]为白色晶体,易溶于水,吸湿性强。商品尿素一般含氮量为46%左右，折算为粗蛋白质则每千克尿素相当于2.88 kg粗蛋白质。按含氮量计，1 kg含氮为46%的尿素相当于6.8 kg含粗蛋白质42%的豆饼。尿素的溶解度很高，在瘤胃中很快转化为氨，尿素饲喂不当会引起致命性的中毒。因此使用尿素时应注意:

（1）尿素的喂量一般推荐以不超过日粮总氮量的1/3为原则，即尿素可占日粮干物质的1%或混合精料的1.5%~2.0%；或按每100 kg体重加15~20 g，应逐渐增加，并有2周以上的适应期。且不能时用时停，以免影响瘤胃微生物的平衡。

（2）尿素吸湿性强、易分解，不宜单喂，应与淀粉多的精料混匀一起饲喂，也可调制成尿素溶液喷洒或浸泡粗饲料，或调制成尿素青贮饲料、氨化饲料饲喂，或制作成尿素颗粒料、尿素精料砖等使用。

（3）尿素只能在6月龄以上的牛日粮中使用，否则，不但效果不佳，还会出现氨中毒。因为6月龄以下的犊牛瘤胃尚未发育完全。

（4）禁止将尿素溶于水中饮用。喂尿素料1 h后再给牛饮水。

（5）不可与生大豆或含脲酶高的大豆粕同时使用，否则因尿素分解会使含氮量降低，并且影响适口性。

近年来，为降低尿素在瘤胃中的分解速度，改善尿素氮转化为微生物氮的效率，防止尿素中毒，研制出许多新型非蛋白氮饲料，如糖蜜尿素复合舔砖、高蛋白当量尿素颗粒饲料、糊化淀粉尿素、脲酶抑制剂、包被尿素及尿素与其他分子形成分子间化合物，如磷酸脲（又名“牛羊壮”）等。

六、秸秆类饲料加工调制技术

秸秆类粗饲料虽然营养价值很低,但在我国资源丰富,如果采取适当的补饲措施,如补饲尿素、淀粉类精料、过瘤胃蛋白质、矿物质及青饲料等,并结合适当的加工处理,如氨化、碱化及生物处理等,能提高牛对秸秆的消化利用率。常见的秸秆种类主要有玉米秸秆、稻草秸秆、麦草秸秆和谷草秸秆。

(一)秸秆类饲料营养价值特点

1. 玉米秸秆

刚收获的玉米秸秆营养价值高,但随着贮存期延长,营养物质损失较大。成熟期的玉米秸秆干物质含量约为80%,粗蛋白质含量为3%~6%DM,粗纤维为35%DM左右,肉牛维持净能为2.27 MJ/kg,肉牛增重净能为1.46 MJ/kg,72 h的粗蛋白、干物质、酸性、中性洗涤纤维瘤胃降解率分别为59.48%、55.52%、50.24%、50.00%。

2. 稻草秸秆

稻草是我国南方地区的主要粗饲料来源,干物质含量约为91%,粗蛋白质为2.6%~3.2%,粗纤维为21%~33%,能值低于玉米秸、谷草,优于小麦秸;灰分含量高,主要是不可利用的硅酸盐,钙、磷含量均低。水稻秸秆的纤维素含量为35%~45%、半纤维素含量为10%~15%、木质素含量为30%左右。肉牛维持净能为1.97 MJ/kg,肉牛增重净能0.96 MJ/kg,72 h的粗蛋白、干物质、酸性、中性洗涤纤维瘤胃降解率分别为43.76%、48.11%、44.13%、49.17%。

3. 麦草秸秆

麦草秸秆营养价值低于玉米秸。其中,木质素含量很高,可利用能量低,消化率低,适口性差,是质量较差的粗饲料。麦草秸秆干物质含量为86%~91%,粗蛋白质为3%~4%DM,粗纤维为43%DM左右,肉牛维持净能为1.99 MJ/kg,肉牛增重净能为0.97 MJ/kg,72 h的粗蛋白、干物质、酸性、中性洗涤纤维瘤胃降解率分别为54.67%、42.45%、34.16%、36.24%。麦草秸秆纤维素为40%~50%,半纤维素20%~30%,木质素10%~20%。小麦秸蛋白质含量低于大麦秸,春小麦秸比冬小麦秸好,燕麦秸的饲用价值较高。该类饲料不经处理,对肉牛营养价值较低。

4. 谷草秸秆

谷草秸秆质地柔软,营养价值较麦秸、稻草高,是家畜优质粗饲料,特别适宜饲喂牛。青贮或晒制青干草,用于冬春补饲,脱粒后的秸秆,质地柔软、厚实,适口性好。在谷类作物秸秆中,总消化养料仅次于燕麦秸秆,有重要的饲用价值。谷子收获期的全株鲜草,每千克含可消化粗蛋白质10 g,总能量3.68 MJ,总消化能2.34 MJ,总代谢能1.93 MJ。

(二)秸秆类饲料加工调制技术

1. 干燥处理技术

通过田间晾晒、自然风干或借助热风机、干燥机等设备加速秸秆干燥的一种调制方式。

(1)特点:低成本批量化制备干草秸秆,保持干草的营养及风味,因而可以弥补青饲料利用的时差之缺,做到营养物质的全年均衡供应。但农具、机械作业对牧草的叶片、嫩茎、花序等部分损失过大,难以避免营养物质流失。

(2)制作方法:牧草刈割后原地平铺干燥4~6 h,使其水分含量达到40%~50%时,用农具翻动牧草或搂成草垄继续干燥。当牧草含水量降到35%~40%,牧草叶片尚未脱落时堆垛打捆,此时秸秆营养价值最大,再经 2~3 d 可完全干燥。

(3)贮存要求:调制好的秸秆应及时贮藏,贮藏的方法可因具体情况和需要定。数量较多时可选择通风干燥且不易积水的地方露天堆放,有条件时将秸秆晾晒成小捆,捆扎好以后,垛好,上要封顶,以防止漏雨;数量不大时,一般多采取室内堆放的方法,或垛于草棚内以防止日晒雨淋。严禁秸秆运到居住区贮存或者集中村边成片存放,必须远离村庄,与村庄或居民区距离保持 500 m 以上,并远离高压线、加油站,避免对国家、集体和群众的利益造成损害。秸秆的贮藏方法是否合理,对秸秆品质影响很大。若秸秆含水量较多,堆垛时营养物质发生分解和破坏,严重时会引起秸秆发酵。发热、发霉而使秸秆变质,染有不良气味,营养价值会大大降低,所以应注意堆垛技术。

2. 秸秆微贮技术

秸秆中加入高效活性菌种,放入密闭容器中,经一定的发酵过程使部分纤维素分解,并具有酸、香气味的饲料。秸秆微贮的粗纤维消化率可提高 20%~40%,采食量显著提高。

(1)特点:解决四季营养物质供给平衡问题,对秸秆木质素的降解效果明显,瘤胃代谢消化优,营养价值高、而且适口性好。

(2)制作方法

①菌种复活:秸秆发酵活干菌每袋 3 g,可处理稻草、麦秸、玉米秸秆 1 000 kg。先将 1 袋菌种(3 g)与 200 mL 清水混合均匀,充分溶解。最好先在水中加入白糖 20 g,可以提高菌种复活率。常温下静止 1~2 h 使菌种复活。复活好的菌种一定要当天用完,不可隔夜。

②菌液配制:将复活好的菌种倒入 1%食盐溶液中拌匀,用

量见表 5-3。

表 5-3 菌液配制用量

种类	重量 /kg	活干菌 /g	食盐 /kg	水 /L	微贮料 含水量/%
稻、麦秸秆	1 000	3.0	12	1 200	60~65
玉米秸秆	1 000	3.0	8	800	60~65

③切短:将秸秆切短呈 3~5 cm,便于压实,排除空气,提高微贮窖池的利用率。

④装填:窖四周铺塑料膜,窖底部铺垫一层(20~30 cm)切碎的软草或细软秸秆，均匀喷洒菌液水，压实后再铺 20~30 cm 秸秆,直至高出窖池 40~50 cm。装填过程中随时检查秸秆含水量,层与层之间不要出现夹层。检查方法是取秸秆用力攥,指缝间有水但不滴下时水分为 60%~70%较为理想。

⑤压实与密封：装填期间不断用履带式拖拉机或其他机械压实,窖装满后,上面用较厚的聚乙烯塑料膜覆盖,在塑料膜上用土或废轮胎等重物在塑料薄膜外部压紧。要特别注意四周铺平踩实,防止漏水、漏气,尽量排出原料内的空气,尽可能地创造厌氧环境。

⑥取用:微贮发酵温度 10~40℃,封窖后 20~30 d 即可完成。优质微贮稻(麦)秸呈金黄色,青玉米呈橄榄绿色。具有醇香、果香气味。取料时要从一角开始,从上至下逐渐取用,每次用量应当天用完为宜,并将窖口封严。

七、青贮饲料加工调制技术

青贮饲料是肉牛的理想饲料，已成为日粮不可缺少的部分。青贮饲料是将新鲜青绿饲料切短,装入青贮容器内,迅速压实密封,隔绝空气,经微生物发酵制成的一种具有特殊气味,营养丰富,耐贮藏的多汁饲料。主要有全株玉米青贮、半干水分青贮、苜蓿青贮、柠条青贮,其中以全株玉米青贮较多。

(一)青贮饲料在畜牧业生产的意义

1. 青贮饲料营养损失较少

饲料青贮过程中,营养物质损失一般不超过15%,尤其是粗蛋白质和胡萝卜素的损失很少,优良青贮条件和方法下,甚至效果更佳。同样的玉米秸,青贮比风干玉米秸秆粗蛋白质高1倍,粗脂肪高4倍,而粗纤维素低7.5个百分点。

表5-4 玉米青贮饲料和风干玉米秸的营养成分比较

单位:%

成分名称	粗蛋白质	粗脂肪	粗纤维	无氮浸出物	粗灰分
干玉米秸	3.94	0.90	37.60	48.09	9.46
玉米青贮料	8.19	4.60	30.13	47.30	9.74

资料来源:引自陈自胜,陈志良编著,《粗饲料调制技术》,中国农业出版社,1999

2. 青贮饲料适口性好,消化率高

牧草及饲料作物经过青贮后可以很好地保持青绿饲料的鲜嫩汁液,质地柔软,并且产生大量的乳酸和少部分醋酸,具有酸甜清香味,从而提高了家畜的适口性。青贮饲料的能量、蛋白质、粗纤维消化率与同类干草相比均高。并且青贮饲料干物质中的可消化粗蛋白质(DCP)、可消化总养分(TDN)和消化能(DE)含量也较高。

3. 扩大饲料来源,有利于养殖业集约化经营

玉米秸、高粱秸、向日葵茎叶和葵花盘等农作物秸秆都是良

好的饲料来源。但是它们质地粗硬，利用率低，如果能适时抢收并进行青贮，则可成为柔软多汁的青贮饲料。菊科中的一些植物和马铃薯茎叶等晒成干草后有异味，家畜不喜食，经青贮发酵后，却成为家畜良好的饲料。另外，畜禽不喜欢采食或不能采食的野草、野菜、树叶等无毒青绿植物，经过青贮发酵，也可以变成畜禽喜食的饲料。还有块根块茎类，如甘薯和胡萝卜等，只要青贮方法正确，就可以保存很长时间，不会霉烂或发芽变质。

青贮饲料单位容积贮量大，便于大量贮存，是一种既经济又安全的贮存方法。青贮饲料所占空间比干草小得多，1 m^3 青贮饲料的重量为 450~700 kg，其中含干物质 150 kg，而 1 m^3 的干草重仅 70 kg，含干物质 60 kg；1 t 青贮苜蓿体积为 1.25 m^3，而 1 t 苜蓿干草的体积则为 13.3~13.5 m^3。

4. 调制青贮饲料不受气候等环境条件的影响，并可以长期保存利用

在调制青贮饲料的过程中，不受风吹、日晒和雨淋等不利气候因素的影响，也不怕鼠害和火灾等。在阴雨季节或天气不好，难于调制干草时，只要按青贮规程的要求进行操作，仍可以制成良好的青贮饲料。青贮饲料不仅可以常年利用，保存条件好的还可贮存利用多年。在青贮方法正确，原料优良，存贮窖位置合适，不漏气、不漏水，管理严格的情况下，青贮饲料可贮存 20~30 年，其优良品质保持不变。

5. 家畜饲喂青贮饲料，可减少消化系统和寄生虫病发生，减轻杂草危害

很多病虫害危害过的牧草与饲料作物原料，进行青贮发酵后，由于青贮窖里缺乏氧气，并且酸度较高，使寄生虫及其虫卵或

病菌失去生活力，故可减少家畜寄生虫病和消化道疾病的发生。许多杂草的种子,经过青贮后便失去发芽的能力,如将杂草及时青贮,不仅给家畜储备了饲草、而且减少了农田杂草的危害。

(二)青贮条件

1. 适当的含糖量

有足够数量的可溶性糖，使乳酸菌产生足够数量的乳酸,若原料中可溶性糖分很少,即使其他条件具备,也不能制成优质青贮料。一般禾本科饲料作物和牧草含糖量高,容易青贮(主要有玉米、高粱、禾本科牧草等);豆科饲料作物和牧草含糖量低,不易青贮(主要有苜蓿、马铃薯茎叶等),只有与其他易于青贮的原料混贮,或添加富含碳水化合物的饲料,或加酸青贮才能成功。

2. 适宜的含水量

青贮原料含有适量的水分,是保证乳酸菌正常活动的重要条件。适宜含水量为 65%~75%。

3. 厌氧环境

青贮饲料中只要有氧存在,且 pH 不发生急剧变化,植物呼吸酶就有活性。当产生的热足以引起青贮作物的温度达到相当高时，青贮作物中的水溶性碳水化合物就会被氧化为二氧化碳和水。为了给乳酸菌创造良好的厌氧生长繁殖条件,需做到原料切短、装实压紧,青贮窖密封良好。

(三)主要青贮种类及青贮方法

1. 全株玉米青贮

(1)青贮窖准备:对青贮窖进行修补整理,清理干净,窖底可铺一层 10~15 cm 切短的秸秆等软草,以便吸收青贮汁液。窖壁四周铺衬塑料薄膜,以加强密封和防止漏水渗水。

(2)适时刈割:刈割宁早勿迟,一般在玉米乳熟后期或蜡熟期刈割。

(3)切短:原料的切短和压裂是促进青贮发酵的重要措施。用机械将原料切短到 2~3 cm,且玉米秸破秸率 75%以上。

(4)水分调节:水分控制在 65%~75%,此时花须开始蔫、苞叶开始黄、掐动不出水,籽实乳线 1/2,约比正常收获期提前 10~15 d。

(5)装填压实:装填时应边切边填,逐层装入,时间不能延长,速度要快。尤其是靠近壁和角的地方不能留有空隙,压不到的边角可人力踩压。一般小型窖当天完成,大型窖 2~3 d 内完成。压实要注意不要带进泥土、金属等污染物。

(6)密封与管理:当原料填装到高出窖口 50 cm 以上时,覆膜盖严,窖顶呈馒头状以利于排水,窖四周挖排水沟。小型青贮池覆膜后再覆土 20~30 cm 封窖;大型青贮池覆膜后,覆压轮胎等重物封窖。密封后,尚需经常检查,发现裂缝和空隙时用湿土抹好,以保证高度密封。

2. 半干青贮技术

半干青贮又叫低水分青贮,其含水量在 45%~60%之间。半干青贮将难青贮的一些蛋白质含量高、糖含量低的豆科牧草和饲料作物进行青贮。半干青贮的调制方法与普通青贮基本相同,区别在于牧草收割后,需平铺在地面上,田间晾晒 1~2 d,水分含量达到 45%~55%时装贮,贮藏过程、取用过程中保证密封。

(1)原料刈割:将原料刈割后不立即铡碎,而是要在田间晾晒至半干状态。如苜蓿青草当晾晒至叶片卷缩为筒状,小枝变软而不易折断时,其水分含量为 50%左右。

(2)晾晒:半干青贮之所以能安全贮存,主要是靠提高渗透压的作用,而增加渗透压又是通过晾晒完成的。根据半干青贮的特点,要迅速风干原料,使牧草茎秆内的水分含量尽快降至 45%~50%,晒时间越短越好,最好控制在 24~36 h 之内。

(3)运回、切碎:对于 55%以下的低水分青贮来说,因此切短的目的是提高密度排除空气而不是促进发酵。所以原料的含水量越低,应切得越短。将晾晒的牧草由田间运回,铡成 2 cm 左右的碎段后入窖。

(4)装填:原料的装填要遵循快速而压实的原则,分层装填原料,分层镇压,压得越实越好,特别要注意靠近墙和角的地方不能留有空隙。装填时间尽量缩短,如果是小型窖应在 1 d 内完成。如果使用目前较先进的袋式青贮,使用特殊灌装设备和塑料拉伸膜青贮袋,不用压实。

(5)密封和覆盖:青贮饲料装满压实后,需及时密封和覆盖,抑制好气性微生物的发酵。具体做法:装填镇压完毕后,在上面盖聚乙烯薄膜,薄膜上盖沙土 5 cm 厚即可。在全密封的大塑料膜容器或塑料袋中青贮时,装完原料封严后,可由备用抽气孔将空气排出。

3. 苜蓿青贮

苜蓿青贮是通过半干萎蔫处理, 使苜蓿含水量降至 50%左右,从而提高苜蓿原料的干物质含量,造成微生物的生理干燥及厌氧状态而抑制酪酸发酵,同时促进乳酸发酵而形成优质苜蓿青贮料。

(1)特点:苜蓿通过青贮技术进行加工调制,可保存大量的水溶性碳水化合物, 蛋白质被水解产生的非蛋白质化合物较少,饲喂反刍家畜的价值较高。半干青贮能减少高水分青贮所造成的植物渗出液损失，从而较多地保存原料的养分。而且半干青贮苜蓿在制作中含水量低，发酵程度较弱，酸味很淡，所以在适口性和营养价值方面比干草和鲜贮苜蓿更接近青草。

苜蓿青贮与调制青干草相比，具有三大优点：一是能做到在最佳收获期进行适时、集中收获，最大限度地减少牧草养分和水分损失，提高饲草产量和品质；二是加工调制操作方法简便、成本低、易贮存、占地空间小，（包膜青贮）便于运输使用和商业化生产，可以保证青绿饲料的常年供应；三是苜蓿背贮鲜嫩多汁，消化率高，适口性好，对肉牛养殖具有很好的增产增收效果。

（2）青贮技术：苜蓿青贮的加工调制方法主要包括半干青贮（窖贮），打捆包膜青贮。

①苜蓿半干青贮制作：根据青贮池制作青贮饲料的程序，以苜蓿为原料，按照“适时收获→适当晾晒（调节含水量）→搂集→切碎（加入添加剂）→装入青贮窖（池）→压实→密封”的工艺流程，通过添加乳酸菌、纤维素酶制剂和有机酸等饲草调制添加剂加工调制优质苜蓿半干青贮。

A. 原料刈割。苜蓿第一次刈割从初花期提前至现蕾期进行，随后的刈割时期，则根据天气、动力和劳力等情况，在现蕾至初花期（20%开花）进行刈割。

B. 水分调节。刈割后进行晾晒（在天气晴好的情况下，一般在灌区种植的苜蓿晾晒 12~24 h，干旱地区晾晒 8~12 h，晾晒至叶片发蔫不卷即可，防止暴晒），当水分调节到 45%~55%时，将原料及时运送到青贮制作地点。

C. 切短。用铡草机将苜蓿原料切短成长度 2~5 cm。

D. 填装。大约每装填 50 cm 摊平，农用机械压实（特别要注意靠近窖壁和拐角的地方)，并在上面均匀喷洒青贮饲料乳酸菌添加剂。具体使用方法见表 5–5。

表 5–5　苜蓿青贮调制添加剂使用方法

名称	用量	使用方法
乳酸菌	每 1 000 kg 苜蓿需 2.5 g 乳酸菌活菌	将 2.5 g 乳酸菌溶于 10%的 200 L 白糖溶液中配制成复活菌液,再用 80~100 kg 的水稀释后,均匀喷洒在原料上
有机酸	每 1 000 kg 苜蓿添加 2~4 kg 有机酸	直接喷洒在原料上
饲料酶	每 1 000 kg 苜蓿添加 0.1 kg 青贮专用饲料酶	用 10 kg 麸皮、玉米面等稀释后,再与原料均匀混合

注:按产品使用说明添加。

E. 压实与密封:装填至高出池(窖)面 20~30 m,上铺塑料薄膜覆盖废旧轮胎密封。

F. 管理:窖口防止雨水流入及空气进入。在青贮池(窖)四周应有排水沟或排水坡度。

②打捆包膜青贮制作:采用专用饲草打捆机和包膜机,将苜蓿按照“适时收获→适当晾晒(调节含水量)→搂集→切碎(加入添加剂)打捆→包膜→堆放”的工艺流程,通过添加乳酸菌、纤维素酶制剂和有机酸等饲草调制添加剂,加工调制优质苜蓿包膜青贮。包膜青贮的适时收获晾晒、搂集及切碎的要求与半干苜蓿青贮(窖贮)相同。

A. 打捆。将切碎的原料装入专用饲草打捆机中进行打捆(每捆重量在 50~60 kg)。添加添加剂时,在打捆前将添加剂与切碎的原料混合均匀后进行打捆。

B. 包膜。打捆结束后,从打捆机中取出草捆,将草捆平稳放到包膜机上,然后启动包膜机用专用拉伸膜进行包裹,设定包膜机的包膜圈数以22~25圈为宜(保证包膜2层以上)。

C. 贮存。包膜完成后,从包膜机上搬下已经制作完成的包膜草捆,整齐地堆放在远离火源、鼠害少、避光、牲畜触及不到的地方。堆放不应超过3层。搬运时不应扎通、磨破包膜,以免漏气。在堆放过程中如发现有包膜破损,应及时用胶布粘贴防止漏气。

D. 取用。密封发酵45 d后即可开窖使用。开窖时,从窖的一端沿横截面开启。从上到下切取,按照每天需要量随用随取,取后立即遮严取料面,防止暴晒。优质的苜蓿青贮料为暗绿色,具有水果香味,味淡不酸。包膜青贮一般经过50~60 d后即可开启使用。包膜青贮取喂时将外面包裹的塑料膜拆开（可沿包裹方向拆开,最好不要剪断,缠好后可旧物利用),剪开里面的网或绳,取出青贮料即可,取喂量应按照家畜饲养量以当天喂完为宜。苜蓿青贮的饲喂青贮苜蓿应与其他饲草搭配。

4. 柠条青贮

柠条青贮的制作可采用生物处理方法,所谓生物处理柠条制作饲料技术是运用现代生物工程原理,将柠条人为造就一个厌氧的环境,利用微生物经过一系列酵解反应,将柠条中的粗纤维、木质素、粗脂肪转化为畜禽喜吃的饲料。青贮技术就是通过对柠条饲料贮于窖、缸、塔、池及塑料袋中压实密封贮藏,使其在缺氧条件下自然利用乳酸菌厌氧发酵,产生乳酸,使贮藏窖内的pH降到4.0左右,此时大部分微生物停止繁殖,而乳酸菌由于乳酸的不断积累,最后被自身产生的乳酸所控制而停止生长,既可以保护饲料的营养物质不受损失，又可使饲料保持青鲜多汁的特点,并具有酸香味,牲畜比较爱吃,贮存时间较长。既可供常年喂养牲畜使用,又利于柠条过腹还田和生态农业的良性循环。青贮柠条其干物质的营养价值比单纯柠条草粉高,且适口性更好,消化率高达73%以上,特别适喂草食家畜。

(1)柠条青贮技术

柠条青贮技术流程:建立青贮池→柠条收获→机械切碎→装池→洒水和掺入青贮添加剂→压实→封盖塑料膜压土密封→发酵40~50 d→喂养牲畜。

①青贮设施的准备

A. 地址的选择:青贮饲料质量的优劣固然与青贮原料种类、收获期等多种因素有密切关系。青贮设施的好坏则是直接影响青贮料质量的决定因素。青贮设施所在地应选在地势高燥,排水容易,地下水位低,土质黏重,无砂石、砖、瓦,距水源和粪坑较远,取用方便、靠近饲养场所的地方。良好的青贮设施必须满足以下要求。

密封性良好。无论采用哪种青贮设施,都要求有良好的密封性能。多汁的青贮原料经切碎后如果贮存在密封性能良好的青贮设施内,外界空气不易进入,就缩短了青贮原料的呼吸过程,为厌氧性的乳酸菌的繁殖,创造了良好条件。也加速了乳酸菌的发酵过程,避免青贮原料中原有营养成分的损失。

结构坚固、合理。青贮设施内的原料经机械压实后,每立方米重达600~800 kg,对青贮设施的地基和侧壁会产生较大压力,常使青贮设施倒塌。因此,保持青贮设施结构坚固、合理是建造青贮设施至关重要的问题。必须按有关建筑技术规范要求进行设计和施工。青贮设施的结构需按一定比例设计,如青贮塔的宽、深比应保持在1:1.5~1:2。青贮塔的高度一般不得小于直径的2倍,但也不能大于直径的3.5倍。

内壁平整光滑，底部应有液汁沉积池。保持青贮设施内壁光滑，以减少青贮原料与窖壁的摩擦力，便于压实，从而减少青贮原料内残余空气含量。缩短原料好气性发酵过程。内壁平整光滑，还可减少残存在内壁有害菌及污物的存在，避免青贮原料腐烂变质。青贮原料在青贮过程中，会有酸性液汁渗出，对青贮设施产生腐蚀。故在设计青贮设施时，底部要留盛积液的沟槽，或将底面建成弧形，以便将渗出的液汁汇集在一起，减少对青贮料的污染。

B. 类型的选择：通常采用的青贮设施有青贮窖、青贮壕、青贮塔和地面堆贮等，塑料青贮应存放在取用方便的僻静地方。青贮设施的建设和准备可就地就势按标准营造。根据饲养牲畜多少和青贮饲料量确定青贮设施的类型和大小。大型养殖场一般用青贮壕青贮，小型养殖场可采用地面堆贮或袋装青贮，农户采用青贮池和窖袋这两种青贮容器为好。

青贮窖：青贮窖的形状可分为圆形、沟形、马蹄形，在北方多采用地下式长方形或圆形青贮窖，一般先用砖石或石块铺砌窖底或窖壁，再在表面涂抹水泥，建成永久性的青贮窖，窖深 3~4 m，上大下小，底部呈弧形，容积为 10~30 m^3。

青贮塔：用砖和水泥建成的圆形塔。高 12~14 m，直径 3.5~6.0 m。在一侧每隔 2 m 留 0.6 m × 0.6 m 的窗口，以便装取饲料。有条件的地方用不锈钢、硬质塑料或水泥筑成永久性大型塔，坚固耐用，密封性好。塔内装满饲料后，发酵过程中受饲料自重的挤压而有汁液沉向塔底，为排出汁液，底部要有排液装置。塔顶呼吸装置使塔内气体在膨胀和收缩时保持常压。

塑料袋青贮：可选用宽 80~100 cm、厚 0.8~1.0 mm 的塑料薄膜，以压热法制成约 200 cm 长的袋子，装填原料一般不超过 150 kg，以便于运输和饲喂。原料含水量应控制在60%左右,以免造成袋内积水。此法优点是省工、投资少、操作方便和存放地点灵活,且养分损失少,还可以商品化生产。

C. 青贮窖容量的计算:应根据原料的含水量与切碎程度,先掌握单位体积(m^3)青贮料的重量(如玉米秸在含水量少的情况下,切得细碎的每立方米重量为430~500 kg,切得较粗的为380~450 kg),然后乘以窖的容积,即得出窖内青贮料的重量。

D. 青贮设施的处理:青贮设施应内部表面光滑平坦,要池壁砌砖,水泥造底,使青贮料摊布均匀,不留间隙。四周不透气、不漏水、密封性好。每立方米容积,可装青贮料500~600 kg。使用时一般用塑料薄膜铺底、衬护四周、封顶,减少青贮料的损失,堆放场地打扫干净,可铺上一层塑料布,防止混入更多泥土。

原料调制入窖前1周左右,必须对窖进行一次严格的检查、整修和消毒工作,检查窖壁是否坚固及密封程度,保持窖底平整及排水管道的畅通。一般用甲酚皂液或石灰水对窖内外进行消毒,以减少杂菌。

②柠条原料的准备

A. 柠条青贮对原料的要求:必须有一定的含糖量。青贮原料含糖量的高低是影响青贮的主要条件。要调制优良的青贮料,青贮原料中必须含有适当的糖分,一般含量至少应为鲜重的1.0%~1.5%。柠条原料含糖量较少,因此在青贮过程中可以在柠条青贮中添加一定量的玉米、麸皮等来提高含糖量。

青贮原料含水量要适中。青贮原料中含有适量水分,是保证乳酸菌正常活动的重要条件。乳酸菌繁殖活动,最适宜的含水量为65%~75%。但青贮原料适宜含水量因质地不同而有差别。质地粗硬的原料，含水量可高达 78%~82%；幼嫩、多汁柔软的原料，含水量应低些，以 60%为宜。

柠条切碎。青贮柠条切短的目的在于装填紧实，取用方便，家畜易采食。肉牛细柠条切成 3~5 cm 即可。粗硬的柠条切成 2~3 cm 较为适宜。

柠条青贮原料要力求干净，忌泥土等杂物。

B. 柠条的初加工：将收获的柠条及时运到青贮窖房，收运的时间越短越好，保持植株的新鲜和清洁，防止植株在收割、运输过程中暴晒和堆压发热，这样既可保持原料中较多的养分，又能防止水分过多流失。为便于装填、踩实和乳酸发酵、取喂，柠条收获后立即运到青贮地点，用铡草机或挤丝揉碎机等饲草切碎机切短，长度 2~3 cm。柠条切短还可迅速使植物细胞渗出汁液润湿饲料表面，有利于乳酸菌的繁殖和青贮饲料品质的提高，而且能增加饲料密度，提高青贮窖的利用率，利于除掉原料间隙中的空气，便于取用和家畜采食。

C. 青贮饲料的调制

添加剂：为了能够保证和提高青贮料的营养成分和营养价值，可在青贮过程中加入适当的添加剂，但必须保证要混合均匀，比如在青贮饲料中加入占青贮料 0.1%~0.15%的食盐，各种家畜都喜爱吃，在青贮原料含水量低、质地粗硬、植物细胞液汁难渗出的情况下，每吨添加 2~5 kg 食盐（盐水喷洒均匀），可以促进细胞液汁的渗出，有利于乳酸菌的繁殖，加快饲料发酵，提高青贮饲料的品质。如果加入磷酸类添加剂，能使青贮料很快酸化，防止有害细菌繁殖，能够保证青贮饲料营养成分和营养价值。

水分：饲料中水分过高，会影响青贮料的适口性，经研究证明，饲料含水量一般在50%~75%适宜，同时最适宜乳酸菌的繁殖，最简单的水分测定方法可以通过手测，将原料切碎后握在手中，指缝中有水珠渗出但不往下滴，这时原料的含水量较适宜，若原料水分过高，可适当加一些麦麸等干粉，原料水分过低，在青贮时可混加一些含水分较高的原料，或边装填边喷水，含水量适宜。

③柠条青贮饲料的装填与调制

A. 装填与压实。装填前先在窖底铺上30 cm厚的干草或干柠条，柠条收获后，立即运到青贮池边，用机械切碎后随即装填，边装料边压实，并洒入一定量的水和掺入少量尿素。装填青饲料时应逐层装入，每层厚15~20 cm，踩实后继续装填，特别是四角和靠壁部位要踏实。检查其紧实度是否适当的标准是，发酵完成后饲料下沉不超过深度的10%为宜。装填大型青贮窖时，可用履带式拖拉机压实，尽量排除空气。装填原料要迅速，最好当天收获，当天切碎，当天入窖。要尽量缩短装填时间，整个青贮窖池装填完成越早越好，一般应在2~3 d内完成。在压实过程中要注意清洁，不要带进泥土、油垢、铁钉、铁丝等，以免污染青贮原料，并可避免肉牛食后造成瘤胃穿孔。

B. 密封。当柠条装贮到窖口60 cm以上时即可加盖封顶，这是调制优质青贮料的一个重要环节。封窖时，先用塑料薄膜围盖1层，加1层切短的柠条或软草(厚20~30 cm)，再加30~50 cm土夯实，做成馒头形，并将表面拍光滑，以利排水。封好后，应在距离窖口四周1 m处挖1条排水沟，并经常检查窖顶部有无下陷现象。如发现下陷或裂纹，应及时添加封土重新修复，以防进水、进气、进鼠，影响青贮质量。

④青贮窖的管理与维护：随着青贮的成熟及土层压力，窖内青贮料会慢慢下沉，土层上会出现裂缝，出现漏气，如遇雨天，雨水会从缝隙渗入，使青贮料败坏。有时因装窖内踩踏不实，时间稍长，青贮窖会出现窖面低于地面，雨天会积水。因此，封窖1周后要经常检查青贮窖，发现裂缝或下沉，要及时覆土，以保证青贮成功。

⑤青贮饲料取用：密封的柠条粉碎料，利用乳酸菌的厌氧发酵，产生乳酸，经过40~50 d完成发酵过程，使贮藏窖内的pH降到4.0左右，此时大部分微生物停止繁殖，而乳酸菌亦由于乳酸的不断积累，最后被自身产生的乳酸所控制而停止生长，从而达到青贮的目的。成熟的柠条青贮饲料，即可取出喂养牲畜。取用柠条青贮饲料要注意以下几点：

A. 逐层取用，取用全株青贮玉米时，要尽量减少青贮料与空气的接触，逐层取用，取后立即封严。圆形揭盖后逐层往下取用，不能从中间开挖，取料后及时盖好。长方形窖应从一头开挖，垂直往下逐段取用，取后即盖好。每次取出数量依喂量而定，随用随取，保持新鲜。

B. 不宜单喂。青贮柠条缺乏牲畜必需的赖氨酸、色氨酸，铜、铁、维生素B含量也不足，故应配合大豆饼粕类饲料或氨基酸添加剂等饲喂。妊娠后期母畜少喂或不喂。

C. 过渡或处理。在正式饲喂之前要进行过渡，可采用第1天喂1/3青贮料加2/3干草，第2天喂1/2青贮料加1/2干草，第3天喂2/3青贮料加1/3干草的方法。喂量视家畜种类、年龄、体重、生理状况而定。孕畜应少喂。

(2)柠条包膜青贮的制作技术：采用国产专用饲草打捆机和

包膜机，将柠条按照“适时收获→水分调控→揉丝粉碎（加入添加剂）→打捆→包膜→堆放”的工艺流程，通过添加乳酸菌、纤维素酶制剂和有机酸等饲草调制添加剂，加工调制包膜青贮。

①适时收获：柠条生长期分为返青期、开花期、结实期、种子成熟期和枯草期，柠条不同生长阶段营养价值差异比较明显，营养价值高低依次为开花期>种子成熟期>返青期>结实期>枯草期。因此，柠条应在开花期到种子成熟期适时平茬收获，留茬高度应在 10~15 cm。

②添加剂使用

表 5-6 柠条包膜青贮调制添加剂使用方法

名称	用量	使用方法
乳酸菌	每 100 kg 柠条需 2.5 g 乳散菌活菌	将 2.5 g 乳酸菌溶于 10%的 200 mL 白糖溶液中配制成复活液、再用 80~100 kg 的水稀释后，均匀喷洒在原料上
有机酸	每 1 000 kg 柠条添加 2~4 kg 有机酸	直接喷洒在原料上
饲料酶	每 1 000 kg 柠条添加 0.1 kg 青贮专用饲料酶	用 10 kg 麸皮、玉米面等稀释后，再与原料均匀混合

注：各种添加剂用量和使用方法应以产品说明为准。

③水分调控：将收获后的柠条及时粉碎揉丝，使原料水分达到 60%~70%。

④打捆：将切碎的原料装入专用饲草打捆机中进行打捆（每捆重量在 50~60 kg）。

⑤包膜：包膜打捆结束后，从打捆机中取出草捆，将草捆平稳放到包膜机上，然后启动包膜机，用专用拉伸膜进行包裹，设定包膜机的包膜圈数以 22~25 圈为宜（保证包膜 2 层以上）。

⑥堆放：包膜完成后，从包膜机上搬下已经制作完成的包膜

草捆,整齐地堆放在远离火源、鼠害少、避光、牲畜触及不到的地方,堆放不应超过3层。搬运时不能磨破包膜,以免漏气。在堆放过程如发现有包膜破损,应及时用胶布粘贴防止漏气。

⑦取用:包膜青贮一般经过40~50 d即可开启使用、不同添加剂处理柠条后效果。包膜青贮取喂时,将外面包裹的塑料膜拆开(可沿包裹方向拆开,最好不要剪断,缠好后可旧物利用),剪开里面的网或绳,取出青贮料即可,取喂量应按照家畜饲养量以当天喂完为宜。

5. 马铃薯秧青贮

马铃薯秧分为霜降后和霜降前10 d,条件允许的情况下尽量霜降前10 d左右刈割,保存营养物质。

(1)原料刈割:马铃薯秧霜降后或霜降前10 d。全株玉米青贮正常刈割。

(2)混贮比例

①霜降后,马铃薯秧与全株玉米3:7混合、甜高粱2:8混合。

②霜降前,马铃薯秧与全株玉米3:7混合、玉米秸秆和稻草秸秆分别以1:1(重量比)混合。

(3)添加剂:添加0.03 g/kg乳酸菌。

(4)切短:用铡草机将原料切短成长度2~5 cm。

(5)水分调节:原料水分含量控制在65%~75%。

(6)填装:应当天装入青贮窖,装填30~40 cm混合原料用机械压实。

装载机压实,边角采用人工装实。压实的混合原料高于窖口50 cm以上进行封口。装窖在短时间内完成,小型窖要当天完成,大型窖最好不超过3 d,当天未装满,必须用塑料薄膜压严,次日揭开薄膜继续装窖。

(7)封窖:装填至高出池面 20~30 cm,上铺塑料薄膜覆盖废旧轮胎密封。

(8)饲喂量。肉牛日粮替代全株玉米青贮不超过 40%。

6. 黄花菜茎叶青贮利用技术

黄花菜茎叶青贮原则上无时间限制,茎叶青绿期皆可制作,一般在秋季白露后为较佳青贮期,青贮调制时间一般为 35~45 d。

(1)青贮设施:主要有青贮窖(池)、青贮包膜。总的要求是坚固耐用、具备密封即不透气、不漏水和防水防雨的功能,规范合理,经济适用。

①青贮窖(池):按照形状分为长方形和圆形。窖(池)的大小可根据青贮的数量而定。长方形池宽 1.8~2.0 m,深 2.0~2.2 m,长度根据需要而定。

②青贮包膜:选择坚固、不透气、无毒的塑料袋,装填青贮料,封口并扎结实。袋贮操作简单、取用方便,适合规模较小的养殖户(场)。

(2)原料:选取干净,无泥土和其他杂质的黄花菜茎叶,直径为 0.8~1 cm,含水量为 60%~70%。

(3)添加剂:添加 0.03 g/kg 乳酸菌。

(4)青贮调制要点

①快割:在最短时间内收割饲料原料。

②快运:准备好运输工具,收割后立即装车并拉运至青贮点。

③快铡:将原料铡短切碎的长度不超过 2 cm,以利于踩踏压实。

④快装:最好边铡边装填。

⑤快压：边装边踩踏压实，尤其是边拐死角要踩实到位，最大限度地排出空气，为乳酸发酵创造厌氧环境，并能缩短原料在空气中的暴露时间。

⑥快封：原料高出窖口面 40~50 cm，长方形成鱼脊背式，圆形成馒头状，装填完后立即严密封埋，先用塑料膜盖严，再用土覆盖 20~30 cm，密封窖贮。

(5)管理

①随时检查窖(池)顶覆土密封及露在地面上的窖(池)有无裂缝、塌陷，及时修补，排出顶部积水，以防透气浸水。

②随时注意检查防鼠、防止牲畜踏踩，覆盖棚膜有无破损等。

(6)取用：取料面要平滑，尽可能缩小范围，但要防止掏心打洞，圆形窖自上而下取料，长方形应从一端开始。取料应随取随用，当日喂完，不饲喂过夜青贮料。感官为劣质和卫生指标不合格的黄花菜茎叶青贮饲料不可饲用。

(7)饲喂量：肉牛日粮添加量不超过 20%。

7. 黄芩秸秆高效利用方式

采收黄芩药用地下根茎前收割的地上部分副产物，利用方式主要有晒干粉碎和微贮。

方法一：黄芩秸秆直接粉碎利用技术

将秸秆收集整理后晒干粉碎，粉碎筛口径 11 mm 左右即可，添加至家畜精料中直接饲喂。育肥牛饲喂量每日不超过 1.0 kg/头。

方法二：黄芩秸秆青贮利用技术

(1)原料粉碎：用粉碎机将黄芪秸秆粉碎至长度 1~2 cm。

(2)添加剂使用

①纤维素酶处理：按照推荐用量和方法先用 100 mL 水充分

溶解后，均匀地洒在青贮原料上，调制原料水分65%~70%，搅拌均匀后装入乙烯塑料袋内，压实、抽气，阴凉通风处放置45 d取用。

②乳酸菌和酵母菌处理：用100 mL温水（水温37.5℃左右）充分溶解后加入3 g的白糖进行复活，加一定量水将原液稀释，均匀地洒在青贮原料上，调整原料水分65%~70%，搅拌均匀后装入乙烯塑料袋内，压实、抽气，阴凉通风处放置45 d取用。

（3）饲喂量。黄芪秸秆青贮可改善秸秆营养价值，建议育肥牛饲喂量每日不超过2.0 kg/头。

8. 苹果渣与玉米秸秆混合贮存技术

（1）原料选择：玉米秸秆（风干黄秸秆、收获玉米籽实后的青绿秸秆）。新鲜无霉变、污染、杂质的果渣，最好选用果品加工厂1~2 d内生产的新鲜果渣。

（2）原料切碎：玉米秸秆收割后，应立即运至贮藏地点切短，长度1~2 cm为宜。

（3）混合贮存比例：玉米秸秆与果渣混贮比例为60:40或70:30。

（4）填装压实：按照玉米秸秆与苹果渣装填顺序的差异，可以有两种原料的装填方法。

①分层填装。由于苹果渣的含水量高，装填时应先在最底层装入玉米秸秆，约50 cm厚，摊平、压实（特别要注意靠近窖壁和拐角的地方）。秸秆上铺厚约30 cm果渣，堆实、摊平，如此往复。如果要加入玉米面来调节饲料的品质，此时可以撒上玉米面。直到压实最上层的一层玉米秸秆时，密封。

②果渣不足，可将切碎的秸秆逐层装入青贮窖中，按玉米秸秆青贮饲料制作操作。直到压实至最上一层的玉米秸秆时，密封。

(5)水分调节:苹果渣水分含量大,制作时要注意比例和水分调节。水分含量较低的黄色秸秆,需要在粉碎装填时适当加水。混贮原料总含水量控制在65%~70%。

(6)密封:用果渣直接封顶,厚度以60~80 cm为宜,磨平,做成圆锥或者馒头形,再覆盖塑料薄膜,压实。

(7)管理与维护:窖口防止雨水流入及空气进入。在青贮池(窖)四周应有排水沟或排水坡度。

(8)取用:贮存35~45 d即可开窖使用。从窖的一侧沿横截面开启,从上到下,随用随取,切忌1次开启的剖面过大。制作良好的果渣玉米秸秆混贮饲料有醇香味或果香黄色,果皮带黄绿色。

9. 葵花盘加工利用技术

(1)原料准备:脱粒后的新鲜葵花盘,风干玉米秸秆。

(2)原料切碎:原料运至混贮地点后,用铡草机铡短至1~2 cm。

(3)水分调节:加入适量水将原料水分调节至65%~70%。

(4)添加比例:葵花盘按照20%的比例添加。

(5)添加剂使用:加入饲料酶添加剂,用1 kg玉米面将0.1 kg青贮专用饲料酶稀释后,与1 000 kg原料均匀混合。

(6)青贮制作:原料装入青贮窖,每装填30~50 cm,用大型机械将原料压实,排出空气。当原料高出窖沿50~60 cm时,覆盖塑料薄膜,覆土压严,密封窖贮。

10. 马铃薯淀粉渣加工利用技术

(1)原料准备:马铃薯淀粉渣,风干玉米秸秆。

(2)原料切碎:原料运至混贮地点后,用铡草机将玉米秸秆铡短至1~2 cm。

(3)水分调节:将原料水分调节至65%~70%。

(4)添加比例:马铃薯淀粉渣按照20%的比例添加。

(5)添加剂使用:为提高混贮效果,装填时,在原料表面均匀喷洒乳酸菌添加剂,将2.5 g乳酸菌溶于10%的200 mL白糖溶液中配制成复活菌液,经1~2 h活化后,再用10~80 kg水稀释后均匀喷洒在原料上。

(6)青贮制作:按照分层混贮的方法,将玉米秸秆铺垫至窖底,将马铃薯淀粉渣均匀覆盖在玉米秸秆上,然后再覆盖粉碎并调节至适宜水分的玉米秸秆,如此反复。当原料高出窖沿50~60 cm时,覆盖塑料薄膜,覆土20~30 cm,密封窖贮。

(四)青贮饲料品质鉴定

青贮饲料发酵品质的好坏,直接与贮藏过程中的养分损失和青贮产品的饲料价值有关,并且影响家畜的采食量、适口性、生理功能和生产性能。因此,应正确评价青贮饲料品质,为确定饲料等级和制定饲养计划提供科学依据。对青贮品质的鉴定有两种方法,一种是根据发酵优劣状况即发酵品质(所谓狭义品质)来评定;而另一种是根据青贮饲料的饲料价值(广义品质)来判断。通常所指的青贮品质为狭义上的品质。

1. 感官鉴定法

在农牧场或其他现场情况下,可采用感官鉴定法来鉴定青贮饲料的品质,多采用气味、颜色和质地等指标。

(1)香:品质优良的青贮饲料,具有较浓的酸味、果实味或芳香味,气味柔和,不刺鼻,给人以舒适感,这样的青贮饲料pH低于4.0,乳酸含量高。品质中等的,稍有酒精味或醋味,为香味较弱。如果青贮饲料带有刺鼻臭味如堆肥味、腐败味、氨臭味,那么该饲料已变质,不能饲用。

(2)味:含在嘴里给人以舒适感的,品质优良。pH3.7左右的青贮料酸味相当强,pH4.0左右的青贮料除了酸味以外同时还有米糠酱味。pH为4.5以上时,酸味中有涩味、苦味,为品质不良的青贮饲料。

(3)色:品质良好的青贮饲料呈青绿色或黄绿色(说明青贮原料收割适时)。中等品质的青贮饲料呈黄褐色或暗褐色(说明青贮原料收割时已有黄色)。品质低劣的青贮饲料多为暗色、褐色墨绿色或黑色,与青贮原料的原来颜色有显著的差异,这种青贮饲料不宜喂饲家畜。

(4)质地:品质良好的青贮饲料压得非常紧密,拿在手中却较松散,质地柔软,略带湿润。叶、小茎、花瓣能保持原来的状态,能够清楚地看出茎、叶上的叶脉和绒毛。相反,如果青贮饲料黏成一团,好像一块污泥,或者质地松散干燥粗硬,这表示水分过多或过少,不是良好的青贮饲料。发黏、腐烂的青贮饲料是不适于饲喂各种家畜的。

表5-7 青贮饲料感官鉴定标准

等级	色	香	味	质地
优良	接近原料的颜色,一般呈黄绿或青绿	芳香、酒酸味,给人以舒适感	酸味浓	湿润松散,保持茎、叶、花原状
中等	黄褐、暗褐	芳香味弱,并稍有酒精或醋酸味	酸味中	柔软,水分稍多,基本保持茎、叶、花原状
低劣	黑色、墨绿	刺鼻臭味、霉味	酸味淡,味苦	腐烂成块无结构黏糊滴水

(五)青贮饲料利用

1. 取用方法

青贮饲料一般经过50~60 d发酵后即可开启使用。青贮窖启用时须从窖口开始沿垂直面逐层取用，每次取料面厚度应大于30 cm,取用的青贮料应一次性用完,保持取料面平整,取料后立即盖好薄膜,防止取料面暴露发生有氧变质。

2. 饲喂技术

家畜对青贮饲料的适口性强,采食量高,但第一次饲喂青贮饲料,有些家畜可能不习惯,可将少量青贮饲料放在食槽底部,上面覆盖一些精饲料,等家畜慢慢习惯后,再逐渐增加饲喂量。妊娠家畜应适当减少青贮饲喂量,妊娠后期停喂,以防引起流产。冰冻的青贮饲料,要在解冻后再用。实践中,应根据青贮饲料的饲料品质和发酵品质来确定适应的日喂量。

第六章　繁殖母牛养殖技术

繁殖母牛是肉牛产业发展的基础,饲养管理条件决定着母牛生产性能和犊牛生长发育的快慢。用传统的方法饲养繁殖母牛,常因管理不善、技术不到位等导致母牛发生流产,甚至出现空怀,产仔率较低,严重影响繁殖生产力,经济效益较低。因此,提高母牛繁殖能力是发展肉牛生产、提高养牛业经济效益的关键,必须实行科学的饲养管理。饲养繁殖母牛主要目的是繁育生产犊牛,繁殖是增加牛群数量和提高牛群质量的前提。肉用成年母牛的饲养目的在于维持正常的繁殖机能,使其能达到一年一胎,为肉牛生产提供更多的犊牛。母牛的营养是提高母牛繁殖力的基础,膘情好发情率就高,受配率、受胎率、产犊率也高。特别是妊娠母牛,不仅要满足自身能量需要,还要供给胎儿生长发育的营养,产后又要带犊哺乳,如果营养不足,不仅母牛的体重下降,犊牛的发育也会受阻,严重的可导致母子双亡。繁殖母牛的高效饲养技术涉及多方面。

一、影响母牛繁殖力的因素

(一)营养因素

1. 能量

能量水平过高或长期不足都会直接影响母牛的繁殖力。饲料能量水平过高,则体内脂肪沉积过多,使母牛过肥,一方面生殖器官被脂肪浸润,造成受胎率下降及妊娠母牛难产,另一方面使乳腺内沉积脂肪,造成泌乳机能降低。能量水平长期不足,会使青年母牛的性成熟和初配年龄延迟,缩短母牛的有效生殖时间,成年母牛则会导致发情症状不明显或只排卵不发情,产后发情日期推迟。对于已经妊娠的母牛,能量不足则会造成流产、死胎、分娩无力或生出弱犊。对于哺乳母牛,能量不足时动用更多的体储脂肪用于产奶的能量需要,结果导致机体逐渐消瘦,延长产后第一次排卵时间间隔,从而降低繁殖力。

2. 蛋白质

蛋白质不仅是牛体组织、细胞的主要成分,也是促进母牛受孕和胎儿正常生长发育的重要物质。日粮中缺乏蛋白质,不但影响母牛的正常发情、受胎和妊娠,造成不孕或胎儿发育受阻,使日粮适口性和消化率下降,且母牛获得的营养物质减少,直接或间接影响母牛健康和繁殖力。过去认为饲料粗蛋白含量越高,对所有牛越有利。但是,随着反映母牛体内氨基酸的平衡状况及蛋白质代谢状况的血浆尿素氮(BUN)理论的确立,明确了过多的蛋白质供应会伤害母牛的子宫环境。因为将高浓度蛋白质饲料喂给母牛以后,瘤胃微生物的作用下饲料在瘤胃内产生大量的氨,氨通过瘤胃壁或其后消化器官被扩散、吸收而到达肝脏,在肝脏内通过各种代谢过程最终转化成尿素, 但是不被转化成尿素的氨,直接扩散到子宫,而增加子宫分泌物中氮素的含量,延长了子宫的自净时间,从而延长产后第一次的排卵时间,降低受胎率。

3. 维生素和矿物质

(1)维生素 A。维生素 A 是繁殖母牛正常繁殖活动所必需的营养,而且是容易引起缺乏的营养。维生素A和胡萝卜素缺乏,会降低受胎率。尤其是增加妊娠末期发生流产、胎衣不下、死产、弱犊的概率。饲料里添加维生素A(或胡萝卜素),可以提高受胎率,缩短分娩后的空怀时间,减少输精次数。

(2)维生素E和硒。维生素E和硒影响着黄体退化因子的合成,如缺乏维生素E和硒时,母牛不规则发情或根本不发情,子宫炎及卵巢囊肿概率升高,受胎率低,受胎的也不能正常发育,造成流产或死胎,增加胎衣不下的发生率,存活的犊牛体质也不健康。

(3)维生素D、钙及磷。维生素D是可以通过阳光照射皮肤而合成。在舍饲条件下,怀孕母牛可能得不到阳光而缺乏维生素D,影响胎儿的骨骼生长发育,引发产弱犊。妊娠母牛缺钙时常导致胎儿发育受阻甚至死胎,并引起产后瘫痪,推迟分娩后子宫的恢复时间,增加难产和胎衣不下的概率。钙过多供应时,产生反作用而抑制肠道内的磷、锰、锌等微量元素的吸收,影响繁殖。磷主要与食欲有关,缺磷时食欲下降,降低饲料的摄取量而出现体重减轻等现象,并且出现受胎率下降及非正常发情、不发情、卵巢囊肿概率增加等发情异常现象。

(4)维生素C和B族维生素。维生素C能在牛的体内合成而不需要另外添加,但有习惯性流产的母牛补充维生素C,则起到60%左右的疗效。B族维生素在代谢过程中能起到补助因子的作用,是胎儿的生长所需物质。

(二)选种

选择祖父辈繁殖能力好、健康无病、受胎率高的母牛留种,肉用和乳肉比例也要合理。

（三）环境因素

牛舍环境也要保证有良好的采光、通风，还要控制牛舍温度，平时多清洁，保持牛舍卫生。要根据当地气候条件选好场址，因为气候对牛繁殖影响较大，高温多雨季节虽然发情率高，但是受胎率低，在7~8月份情期受胎率有时只达到30%左右，所以日常管理就要注意防暑降温工作。牛群要保证饮水清洁、饲料新鲜、加强运动，擦拭牛体促进血液循环，对变形牛蹄适时修蹄整形，牛及牛舍要保持清洁卫生，定期消毒和驱虫。

二、育成母牛饲养管理技术

育成牛指从断乳到周岁前（6~12月龄）。此阶段为母牛性成熟期，是生长最快的时期，性器官和第二性征的发育也很快，体躯向高度和长度方面急剧生长。骨骼和肌肉强快速生长，各种组织器官相应增大，性机能开始活动，体躯结构和消化类型逐渐趋于固定。体重的增加在性成熟以前是加速阶段，绝对增重随年龄增长而增加，育成母牛时期是控制育成母牛生长和定向培育的关键时期。

（一）特点

1. 瘤胃发育迅速

7~12月龄时瘤胃容积大增，利用青粗饲料能力明显提高，12月龄左右接近成年牛水平。在12~18月龄，育成母牛消化器官容积更加增大。训练育成母牛大量采食青粗饲料，以促进消化器官和体格发育，为成年后能采食大量青粗饲料创造条件。日粮应以粗饲料和多汁饲料为主，其重量约占日粮总量的75%，其余的25%为混合精料，以补充能量和蛋白质的不足。因此，青粗饲料的比例要占日粮的85%~90%，精料的日喂量保持在1.5~2.0 kg。

2. 生长发育快

7~8 月龄以骨骼发育为中心,7~12 月龄期间是体长增长最快阶段,体躯向高度和长度方面急剧生长,以后体躯转向宽深发展。一头培育好的母牛,骨骼、体高、四肢长度及肌肉的丰满程度等生长发育水平要在中等标准以上,外形舒展大方,肥瘦适宜,该时期如果饲养管理不当而发生营养不良,则会导致育成母牛生长发育受阻,体躯瘦小,发育不良,初配年龄滞后,很容易产生屡配不孕,影响其一生的繁殖性能,即使在后期进行补饲也很难达到理想体况。因此该时期牛的膘情相当重要,该时期最忌肥胖,由于脂肪沉积过多,会造成繁殖障碍,还会影响乳腺的发育,宁稍瘦而勿肥,特别是在配种前,应保证其有充分的运动,膘情适度,这样才能有利于其生产性能的发挥。

3. 生殖机能变化大

在 6 月龄至 1 周岁期间，牛的性器官和第二性征发育很快，6~9 月龄时,卵巢上出现成熟卵泡,开始发情排卵,由于母牛周期性发情,卵巢分泌的卵泡素能促进乳导管分支、伸长和乳腺泡的形成;如果母牛过肥,乳房内有大量脂肪沉积,会阻碍乳腺泡发育而影响产后泌乳。一般在 13~14 月龄,体重为成年体重的 65%~70%时可配种。

(二)育成母牛的饲养

育成牛的日粮一般以粗饲料为主,补充少量精料即可,育成母牛日增重保持 0.4 kg 以上。粗饲料应以优质青干草为主,搭配部分青饲料，适当补充混合精料。青粗饲料喂量一般为体重的 1.2%~2.5%，要求品质良好；混合精料参考配方为：玉米 50%~55%，麸皮 20%~25%，豆饼 5%~15%，棉籽饼或花生饼 10%~

15%,磷酸氢钙 1.8%,食盐 1.2%,添加剂 2%。日喂量为体重的 0.8%~1.0%。

精饲料的质量和需要量取决于粗饲料的质量。一般日粮中干物质的 75%来源于优良的青干草、青贮料和多汁饲料,补充 25%的混合精料。从 9~10 月龄开始,可掺喂一些秸秆类粗饲料,其比例占粗料总量的 30%~40%。此期可采用的日粮配方为混合 2.0~2.5 kg,秸秆 3~4 kg(或青干草 0.5~2.0 kg,玉米青贮 11 kg)。

(三)育成期母牛的管理

育成母牛管理的目的是培育优良的肉用母牛,为今后的繁殖打下基础,提高母牛养殖的效益。育成母牛饲养阶段只有投入,没有收入,因而首次产犊的推迟将增加饲养成本。育成母牛一般需达到成年母牛体重的 70%左右才可配种, 即地方良种母牛一般 15~19 月龄、体重 280 kg 以上配种。

1. 确定后备母牛的选留数量

首先估计保持 2 年内固定母牛数所必需的后备母牛数。包括死亡损失数、空怀母牛数以及成年母牛的淘汰数。对那些不再适合作种用的后备母牛应在配种前确定淘汰,淘汰的后备母牛育肥。

2. 分群

严禁公、母牛混放,进行合理分群在管理上应首先将公母牛分开。育成公、母牛合群饲养的时间以 4~6 个月为限,以后应分群饲养,因为公、母牛生长发育和营养需要是不同的。公、母牛混放对育成母牛是非常有害的,一般情况下,公牛 9 月龄即性成熟,13~15 月龄就有配种能力,母牛 12~13 月龄即有受孕能力,如果公、母牛混放,造成早配,会影响育成母牛的生长发育,以致影响其一生的生产性能。其次,按年龄、性别、体重组群,每 40~50 头为一群，每群牛的月龄差异不超过 1.5~2.0 个月，体重差异不超过 25~30 kg。为防止牛因采食不均而发育不整齐，要随时注意牛的情况变化，根据牛的体况及时进行调整，采食不足和体弱的牛向较小的年龄群调动；反之，过强的牛向大的年龄群转移，12 月龄后会逐渐地稳定下来。

3. 制订生长计划

根据育成牛不同品种、年龄的生长发育特点，饲草、饲料的储备供给状况，确定不同月龄的日增重，以便有计划地给后备母牛制订一个有效的生长发育计划。首先根据后备母牛的平均断乳重制订饲养计划，安格斯牛、海福特牛、短角牛及这些品种的杂种后备牛体重达 214.59~242.58 kg 时出现初情期；大型品种牛及外来品种如夏洛莱牛、利木赞牛等的杂交后备母牛体重达 251.91~280.9 kg 体重时才出现初情期。

4. 转群

根据年龄，发育情况，按时转群。一般在 12 月龄、18 月龄、初次配种后进行 3 次转群。同时进行称重和体尺测量，对于达不到正常生长发育要求的进行淘汰作商品肉用。

5. 加强运动

舍饲牛平均每头牛占用运动场面积应达 10~15 m^2，每天要有适量的运动，可使牛充分运动，以利于健康发育。

6. 刷拭

为了保持牛体清洁，促进皮肤代谢和养成温和的气质，每天可刷拭 1~2 次。

7. 初次发情

育成牛的初情期基本上出现在 10~14 月龄以前。一般来说，初次发情的早晚主要取决于合适的体况与体重，而月龄的大小并不是决定因素。营养状态好的牛性成熟早，因此，初次发情月龄是检验饲养管理是否得当的一个标准。正常的初次发情为 10~12 月龄，过早发情可能是营养过剩、牛体肥胖所致；过晚发情则说明营养欠佳。

8. 初次配种

机体必须发育到体成熟才能配种，如果过早配种，胎儿发育和产后泌乳会耗费大量养分，使正处于生长发育阶段中的母牛发育严重受阻，造成母牛瘦小而使生产性能下降；如果过晚配种，但由于初产年龄滞后，增加额外的饲养费用，延长了繁殖周期，还容易形成持久黄体而造成配种困难成为不孕牛。初配前 1 个月应注意观察育成母牛的发情日期，以便在以后的 1~2 个发情期内进行配种。何时配种应以个体发育情况而定，一般来说，最佳配种时期应以牛体发育匀称，体重达成年母牛体重 70%以上为宜。如果牛发育较差，配种时间可相应推迟。

9. 防寒、防暑

冬季寒冷地区（气温低于-13℃）做好防寒工作。炎热地区夏天做好防暑工作，持续高温时胎儿的生长受到抑制，配种后 32℃温度持续 72 h 则牛无法妊娠，其主要原因是子宫内部温度升高影响胚胎的生存，并且还能影响育成母牛的初情期，如在 26℃环境温度条件下育成时牛的初情期可延迟 5 个月以上，气温上升则发情周期加长，繁殖效率大幅度下降。

三、青年母牛饲养管理技术

青年初孕牛指怀孕后到产犊前的头胎母牛（13~18 月龄），也叫青年母牛，对初次怀胎的母牛，要加强饲养，但不要喂得过肥，以防发生难产；视其原来膘情确定日增重，肋骨较明显的为中等膘，日增重可按 600 g 饲喂，一般以看不到肋骨较为理想。此期的饲养管理极为重要，对以后母牛产犊，产乳的影响也最大；在此期间，应以优质干草、青干草、青贮饲料作为主要饲料，精料可少喂或不喂。到妊娠后期，由于体内胎儿生长快速，则须补充精料，日喂量为 2~3 kg，并制订较为合理的饲养目标，以利于母牛顺利产犊。

（一）特点

此阶段育成母牛消化器官容积增大，已接近成熟，消化能力增强，生殖器官和卵巢的内分泌功能更趋健全，若正常发育在 13~14 月龄时体重可达成年母牛的 70%~75%，生长强度渐渐进入递减阶段，无妊娠负担，更无产奶负担。日粮应以粗饲料和多汁饲料为主，其比例约占日粮总量的 75%，其余 25%为配（混）合饲料，以补充能量和蛋白质的不足，这样不仅能满足营养需要而且还能促进消化器官的进一步生长发育。此期可采用的日粮配方为混合料 2.0~2.5 kg，秸秆 5~6 kg（或青干草 1.5~3.5 kg，玉米青贮 15~20 kg）。

（二）青年母牛的饲养技术

母牛已配种受胎，生长缓慢下来，体躯向宽、深发展，在良好的饲养条件下，体内容易蓄积大量脂肪，为了节省开支，应充分利用粗饲料，应以优质干草、青干草、青贮料作为基本饲料，精料可以少喂甚至不喂。但是到妊娠后期，由于体内胎儿生长迅速，则须补充精料，日喂量为 2~3 kg，按干物质计算，粗料占 70%~75%，精料占 25%~30%。青年母牛采取散放饲养、自由采食，按月龄和妊娠情况可细分为：

1. 19~20 月龄，日粮以粗饲料为主，干物质采食量 8~10 kg，精料每日每头 1.5~2.0 kg，日粮蛋白水平 10%。

2. 21 月龄至预产前 60 d，精料每日每头 2.0~2.5 kg，粗蛋白水平 12%。

3. 预产前 60 d 至 21 d，日粮以中等质量的粗饲料为主，干物质采食量 8~10 kg 粗蛋白水平 14%，精料每日每头 2.5 kg。

4. 预产前 21 d 至分娩，采用过渡期饲养方式，干物质进食量 8~10 kg，粗蛋白水平 14%，每头每日精料 2.5 kg 左右。

（二）青年母牛的管理

重点做好妊娠检查、保胎保膘、产前准备等，依据膘情适当控制精料给量，防止过肥，产前 21 d 控制食盐喂量。观察乳腺发育，减少牛只调动，保持圈舍、产房干燥、清洁，严格消毒程序，注意观察牛只临产症状，做好分娩准备和助产工作，以自然分娩为主，掌握适时、适度的助产方法。初次怀胎的母牛，未必像经产母牛那样温驯，因此管理上必须非常耐心，并经常通过刷拭按摩等与之接触，使之养成温驯的习性，使其适应产后管理。

1. 加大运动量，以防止难产。青年母牛与育成母牛一样，更应该注意运动。青年母牛的运动场及牛舍，必须保持卫生，供给充足饮水，最好设置自动饮水装置。

2. 防止驱赶，跑、跳运动。防止相互顶撞和在湿滑的路面行走，以免造成机械性流产，在牛群通过较窄的通道时，不要驱赶过快，防止互相挤撞，冬季要防止在冰冻的地面或冰上行走以免滑倒，严禁打牛踢牛，尤其是妊娠后期。

3. 防止给母牛饲喂发霉变质或冰冻饲料，饮冰冻的水，避免长时间淋雨。

4. 加强对青牛母牛的护理与调教。如定时刷拭,培养其温驯的习性,以使其能适应分娩后的管理。如需修蹄,应在妊娠5~6个月前进行。

5. 定时乳房按摩。配种受胎5~6个月后,母牛乳房组织处于高度发育阶段,为了促进其乳腺组织的发育,一般早晚可按摩2次,每次按摩时用热毛巾擦拭乳房,产前1个月停止按摩。在乳房按摩时,切勿擦拭乳头,以免擦去乳头周围的蜡状物,引起乳头龟裂,或因擦掉“乳头塞”而使病菌从乳头孔侵入,导致乳房炎和产后瞎乳头。

6. 保持牛舍、运动场卫生,供给充足饮水。环境应干燥、清洁,注意防暑降温和防寒保暖。

7. 计算好预产期,产前2周转入产房,以尽早适应环境,减少应激,顺利分娩。

8. 初产。正常情况下,多数母牛可自然分娩,而一些过肥或过瘦或与配公牛体型较大的初产母牛会出现难产,对于难产母牛要进行助产处理。

9. 分群管理。分娩母牛出现临产征兆,对牛进行后躯消毒,再进入产房,产后2~3 d无异常情况方可离开产房,产房每天消毒1次,牛每天进行后躯消毒,经常更换垫草,以自然分娩为主,需要助产时,由专业技术人员按产科要求操作。

10. 产后监护。产后6 h内,注意观察母牛产道有无损伤,发现损伤应及时处理。产后12 h内观察母牛努责情况,对努责强烈的母牛,要注意子宫内是否还有胎儿或有无子宫脱落征兆,并及时处理,产后24 h内,观察胎衣排出情况。3 d内观察产道和外阴部有无感染,同时观察母牛有无生产痛瘓症,并及时治疗。产后7 d内,监视恶露排出情况,发现恶露不正常或有隐性炎症表现,应立即治疗。产后14 d进行第1次产科检查,主要检查阴道黏液的洁净程度;发现黏液不洁时轻微的可先记录,暂不处理,严重的进行治疗。产后35 d进行第2次产科检查,通过临床检查、直肠检查子宫恢复的程度和卵巢健康状况,对第1次检查有异常征兆记录的牛进行复查。对检查中发现子宫疾病的牛进行治疗。产后50~60 d,对一检、二检的治疗牛进行复查,如未愈,应继续治疗。对卵巢静止或发情不明显的牛,采用诱导发情法催情处理。

11. 胎衣排出情况的检查。产后5 h胎衣未下时, 应予以处理。推荐方法:肌肉注射催产素或前列腺素。产后24 h胎衣仍未下时,行剥离术或保守疗法。胎衣剥落后,检查胎膜是否完整,尤其要注意子宫角末端的检查,如发现有部分绒毛膜或尿膜仍留在子宫内未排出,要及时向子宫内投药,以防残留胎膜腐败。

四、妊娠期母牛饲养管理技术

母牛的妊娠期是指从最后一次配种到胎儿出生日为止的天数。母牛妊娠后,饲料要求不仅要满足母牛生长发育的营养需要,而且还要满足胎儿生长发育的营养需要和为产后泌乳进行营养蓄积。肉用母牛妊娠期一般为270~290 d,平均280 d。一般分为妊娠前期、妊娠中期、妊娠后期和围产期4个时期。

(一)母牛妊娠诊断

配种后要及早判断母牛是否受孕,妊娠诊断的目的是确定母牛是否妊娠, 以便对已受胎的母牛加强饲养管理做好保胎工作,对未妊娠者找出原因,及时补配或进行必要的处理,从而提高母牛的繁殖率。生产中妊娠诊断的方法有 3 种，现多采用外部观察法和直肠检查法进行妊娠诊断，外部观察法只对发情规律正常的牛有一定参考价值，并且一些明显的外观症状，只在妊娠中后期才较明显，无法做到早期诊断，所以现在广泛采用直肠检查法，但直肠检查法要求有熟练技术，否则，非但不能正常诊断，而且易造成牛流产。

1. 阴道检查法

妊娠母牛阴道黏膜变为苍白，比较干燥。怀孕 1.5~2.0 个月时，子宫颈口附近即有黏稠黏液，但量尚少；至 3 个月后，就很明显，并变得黏稠灰白或灰黄，如同稀糊。以后逐渐增多，黏附在整个阴道壁上，附着于开腔器上的黏液呈条纹或块状。至妊娠后半期可以感觉到阴道壁松软、肥厚，子宫颈位置前移，且往往偏于一侧。

2. 外部观察法

怀孕后母牛周期发情停止，食欲增强，被毛出现光泽，性情变得温驯，行动缓慢。在妊娠后半期，腹部不对称，右侧腹壁突出。8 个月以后，右侧腹壁可见到胎动，外部观察法主要是对配种后的母牛在下一个发情期到来前后，注意其是否再次发情，如不发情，则可能受孕。但这并不完全可靠，因为有的母牛虽然未受孕，但在发情时表现不明显（安静发情/暗发情）或不发情，而有些母牛虽已受孕但仍有表现发情的（假发情）。另外观察其行为、食欲、营养状况及体态等对妊娠诊断也有一定的参考价值。

3. 直肠检查法

目前生产单位最常用的妊娠诊断方法。

(二)妊娠前期饲养管理

1. 特点

妊娠前期是指妊娠后的1~13周龄(1~91 d)的阶段。这一阶段,通过输精配种,精子和卵子结合发育成胚胎。此期的胚胎发育较慢,母牛的腹围没有明显的变化。

2. 营养

母牛在妊娠前期由于胎儿生长发育较慢，其营养需求较少，重点是做好保胎工作,胎儿各组织器官处于分化形成阶段,营养上不必增加需要量,一般按空怀母牛一样进行饲养,以优质青粗饲料为主,适当搭配少量精料。但要保证饲料营养的均衡和全价,尤其是矿物元素和维生素A、维生素D、维生素E的供给。

(三)妊娠中期饲养管理

1. 特点

妊娠中期是指妊娠14~26周龄(92~182 d)的阶段。这一阶段,胎儿发育加快,母牛逐渐增大。营养除了维持母牛身体需要外,全部供给胎儿,此期应提高营养水平,满足胎儿的营养需要,为培育出优良健壮的犊牛提供物质基础。

2. 营养

妊娠5个月后胎儿增重加快,此期的重点是保证胎儿发育所需要的营养。故应增加精料喂量,多给蛋白质含量高的饲料。日粮可由青贮15~20 kg或秸秆(或干草)3~4 kg,精料2~3 kg组成。

(四)妊娠后期饲养管理

1. 特点

妊娠后期是指妊娠27~38周龄(183~265 d)的阶段。这一阶段是胎儿发育的高峰,母牛的腹围粗大,胎儿吸收的营养占日粮营养水平的70%~80%，妊娠最后2个月，母牛的营养直接影响着胎儿生长和本身营养蓄积，如果长期低营养饲喂饲养，母牛会消瘦并容易造成犊牛初生重低、母牛体弱和奶量不足，母牛易患产后瘫痪；若严重缺乏营养，会造成母牛流产；而高营养水平饲养，母牛则因肥胖出现影响分娩如难产、胎衣不下等，所以这一时期要加强营养，适量运动。

2. 营养

妊娠后期营养需要较高，重点确保胎儿快速发育所需要的营养。怀孕最后2个月，此期胎儿增重占胎儿总重量的75%以上；同时，母体也需要贮存一定的营养物质，使日增重达0.3~0.4 kg，以供分娩和分娩后泌乳所需。故应增加精料喂量，多给蛋白质含量高的饲料。日粮可由青草20~25 kg或秸秆（或干草）3~4 kg，精料3~4 kg组成。分娩前最后1周内精料喂量减少一半。

五、围产期母牛饲养管理技术

围产期是指分娩前后各15 d这段时间，分娩后15 d内也叫泌乳初期或产后恢复期。加强围产期的饲养管理，对增进临产前的母牛、分娩后的母牛及新生犊牛健康极为重要，因为处于围产期的母牛由于内分泌系统、瘤胃微生物、胃黏膜的变化，比泌乳期的母牛发病率与死亡率都高。发生在围产期的常发病主要有：难产、产后瘫痪、胎衣不下、子宫炎等。这一阶段的饲养管理应以保健、恢复母牛健康为中心，不要急于采取催奶措施。围产期分为：围产前期、接产、围产后期（产后复原期）。

（一）围产前期饲养管理

围产前期是指妊娠38~39周（266~280 d），即分娩前2周，此时胎儿已经发育成熟，母牛腹围粗大，面临着分娩。围产后期为产后2周，母牛体质较弱生理机能差，饲养上应以恢复体质为主。对临产母牛应准备产房，要求产房宽敞、清洁、保暖、安静，并预先用10%石灰水粉刷消毒，干后在地面铺以清洁、干燥、日光晒过的柔软垫草。1牛1栏，母牛应在临产前1~2周进入产房，单栏饲喂并可让牛自由运动。在围产前期根据母牛膘情和粗饲料品质供给精料，通常给精料2~3 kg，使母牛的膘情维持中等偏上。尽量饲喂给易消化的饲草，如优质青干草、苜蓿干草，精料喂量可适当增加，但不宜过多，日采食量占体重的2.0%~2.5%，每千克干物质含产奶净能6.29 MJ，粗蛋白质由13%提高到15%，粗纤维不少于20%，在乳热症多发牛群，产前2周改喂低钙日粮（钙、磷每日喂量分别为50 g和30 g），对预防酮病、乳热症有良好效果。此外，食盐喂量也应适当降低，产前4~7 d，如乳房过度胀大，可减少或停喂精料和多汁饲料，产前2~3 d，为防止便秘，可适当增加麸皮含量，在胎衣不下较多的牛群，产前20 d可注射硒–维生素E制剂，有良好预防效果。

1. 接产

产房要保持安静，接产前对母牛尾部及后躯用0.1%的高锰酸钾溶液清洗消毒。母牛分娩是正常的生理过程，在人的监护下应尽可能使其自然分娩，但护理人员在接产前应做好准备，提供必要的助产设备，并注意观察分娩过程是否正常，如需助产应按产科要求进行检查和操作，尽量避免人为产道操作和感染。母牛产后及时饮温麸皮粥及盐水，在产后及时观察母牛产道有无损伤和出血，12 h内观察胎衣脱落情况，发现异常及时请兽医处理。

2. 分娩预兆与助产

母牛的分娩征兆主要有：阴唇在分娩前 1 周开始逐渐松弛、肿大、充血，阴唇表面皱纹逐渐展开；在分娩前 1~2 d 阴门有透明黏液流出；分娩前 1~2 周骨盆韧带开始软化，产前 12~36 h 荐骨韧带后缘变得非常松软，尾根两侧凹陷；临产前母牛表现不安，常回顾腹部，身躯摇摆，排粪尿次数增多，每次排出量少，食欲减少或停止。在正常分娩过程中，母牛可以将胎儿顺利产出，不需人工辅助。但是对初产母牛，胎位异常及分娩过程较长的母牛要及时进行助产，以缩短分娩过程并保证胎儿的成活。

产犊是一种正常生理过程，一般不会发生难产，但初产牛和用大型肉牛所配的牛难产可能性较大，应该助产，助产的原则是尽力保全母牛和犊牛，不得已舍子保母，还要注意避免产道感染和损伤，保护母牛正常繁殖力。助产时母牛如能站立应采取站立保定，呈头低后高，如不能站立，采取左侧卧，垫高后躯。

3. 分娩的过程

分娩过程是从子宫阵缩开始，到胎儿、胎衣排出为止。可人为地分为三个阶段：开口期、胎儿产出期、胎衣排出期。

(1)开口期：从子宫有规则地出现阵缩开始到子宫颈口完全开张，与阴道之间的界限消失为止。这一期的特点是仅有阵缩而无努责。经产母牛较安静，等待分娩。初产母牛则食欲减退、起卧不安、举尾徘徊、频频排尿。

在开口期的初期，子宫阵缩较弱，约每 15 min 出现 1 次，持续 15~30 s，随后收缩频率、强度和持续时间不断加强，使胎儿的姿势由屈曲变为伸直，使胎水和胎儿前置部分向子宫颈方向移动，并逐渐使胎儿的前置部分进入子宫颈管和阴道。在开口期末期，牛有时有胎膜囊露出阴门外。

（2）胎儿产出期：胎儿产出期指从子宫颈口充分开张至胎儿全部排出为止的时期。这一时期，子宫阵缩、母体努责共同发生，其中努责是排出胎儿的主要力量。

在这一时期，母牛表现极度不安，起卧频繁，前蹄刨地，后肢踢腹，常回顾腹部，弓背努责，继而卧下。当胎儿前置部分通过骨盆和出口时，产畜努责的强度和频率达到极点。母牛呼吸脉搏加快，达到 80~130 次/min。

在产出期中，胎儿的最宽部分的排出需要较长时间，特别是头部。正生胎向时，当胎头露出阴门外之后，母牛稍微休息，阵缩和努责稍缓和，继而将胎儿其他部分迅速排出，仅胎衣仍留在子宫内。此时不再努责，休息片刻后，母牛就能站起来照顾新生犊牛。

母牛分娩时多数开始努责式卧下，间隔（65±54）min 左右羊膜绒毛膜形成囊状突出于阴门外，内有羊水和胎儿头部与前肢，在努责过程中被撕裂并排出淡白或微黄色浓稠的羊水后，间隔（31±25）min 最后排出胎儿。胎儿头部排出时无完整的羊膜包裹，因此胎儿一般不会窒息。

牛的胎儿产出期 3~4 h，胎衣排出期 2~8 h，最多 12 h。

（3）胎衣排出期：胎衣是胎膜的总称，包括部分断离的脐带。胎衣排出期指胎儿被排出后至胎衣完全排出为止。胎儿排出后，产畜即安静下来。几分钟后，子宫再次开始轻微的阵缩和努责而使胎衣排出。这个阶段阵缩的特点是持续时间较长，每次 100~130 s，间隔也长，每次 1~2 min。

（4）分娩前后的护理：临近产期的母牛应给予营养丰富、品质优良、易于消化的饲料。产前半个月，最好将母牛移入产房，由专人饲养和看护，发现临产征兆，推算分娩时间，准备接产工作。应穿好工作服、胶鞋，对手臂进行消毒、润滑。同时对产畜进行健康检查，若有异常，应先处理，防虚脱。临产前要清洗母牛外阴部，并用消毒药水擦洗。当胎儿前肢部分进入产道时，要及时检查胎儿与母体的关系是否正常，及时调整异常的胎儿胎位、胎势、胎向等，如果正常一般可自然产出。同时还应检在产畜骨盆有无变形，产道、阴门及子宫颈的松软程度，判断有无产道反常而发生难产的可能。

胎儿头部或唇部露出阴门时，如上面盖有羊膜尚未破裂，应及时撕破羊膜，擦净胎儿鼻孔内的黏液，以利呼吸，防止窒息。但也不要过早地撕破羊膜，使胎儿的羊水流失过早。

注意观察产畜的努责与产出过程是否正常。若在分娩时羊水已流出，而胎儿尚未排出，产畜的阵缩和努责又微弱时，助产人员应及时抓住胎头和两前肢的腕部，随着产畜的努责顺势拉出，避免胎儿由于脐带被挤压，供氧中断而窒息。

分娩停止后，应检查胎儿是否全部产出，并注意观察胎衣排出情况，产畜排出的胎衣应及时拿走，避免被产畜吞食，引起消化不良。

分娩时母牛体内损失大量水分，分娩后应立即给母牛饮温麸皮汤。一般用温水 10 kg 加麸皮 0.5 kg，食盐 50 g，搅拌均匀喂给，有条件的加 500 g 红糖和 500 g 益母草膏效果更好。母牛产后易发生胎衣不下、食滞、乳房炎和产褥热等症，要经常观察，发现病牛及时医后 1 周内，要经常观察，加强卫生护理，严格消毒制度。牛床铺以清洁干燥垫草，防止受风湿。应根据母牛健康状况，食欲，消化力等来调整日粮。日粮要易消化、适口性强，产后 3 d 内，只喂优质干草和少量以麸皮为主的精料，第 4 天起日粮可适当增加干草、青贮料和精料，1 周后恢复正常饲喂。

（二）围产后期（产后复原期）饲养管理

围产后期，母牛体质较弱生理机能差，饲养上应以恢复体质为主，应给予温热麸皮盐钙汤 10~15 kg（水温 36~38℃，麦麸 1 kg，食盐 100 g，碳酸钙 100 g，益母膏 250 g，红糖 1 kg），可多次供给，以防子宫脱出，供给优质青干草让母牛自由采食，补给少量配合饲料，此期精料最高用量不要超过 2 kg。产后母牛开始泌乳，各器官功能变化十分剧烈，所以产后头几天应加强护理，以防止产后疾病的发生。乳房应保持清洁，严禁过早催乳，如乳房水肿严重，每次挤奶时应热敷和按摩 5~10 min，并减少饮水量，为照顾母牛产后消化功能较弱的特点，在产后 3 d 内日粮应以优质干草为主，补以少量玉米面和麸皮粥（1~2 kg），以免引起消化道疾病。一般产后 4~5 d 即可逐渐增加精料、多汁料及青贮饲料，精料增量每天以 0.5~1.0 kg 为限，至产后 7 d，如乳房肿胀消失，日粮即可按标准饲养。日粮干物质采食量占母牛体重 2.0%~2.5%，每千克干物质含产奶净能 6.29 MJ，粗蛋白质 15%，粗纤维 17%，产后 1 周内供饮充足温水（37~38℃），不喂冷水，以免引起肠炎等病症。产犊最初几天，母牛乳房内血液循环及乳腺泡活动的控制与调节均未正常，挤奶不得挤净，以免乳房内压降低，微血管渗出加剧，引发产后瘫痪，一般产后 1 h 内，挤第 1 次奶，首次要少挤，第 2 天挤 1/3，第 3 天挤 1/2，第 4 天挤净。

在正常情况下，产后 7 d 常乳分泌量大量增加，营养需要明显增加，日粮营养以干草为主，逐渐增加青贮饲料，至产后 15 d 青贮饲料可增加到每天每头 15 kg 以上，干草 3~4 kg，块根、糟渣类饲料 5~7 kg，精料喂量可逐渐增加，但喂量不得超过日粮干物质的 48%，以免引发酸中毒、皱胃移位等疾患。与此同时，日粮中钙、磷不能缺，否则不仅产奶量下降，还会引发软骨症、肢蹄病等，钙、磷不足可补喂矿物质添加剂，每头每天钙不低于 100 g，磷不低于 70 g。

六、哺乳期母牛饲养管理技术

哺乳期母牛的主要任务是多产乳，满足犊牛的生长发育所需的营养需要。母牛分娩 3 周后，泌乳量迅速上升，母牛身体已恢复正常，应增加精料用量，供给优质粗饲料，饲喂时青粗饲料少给勤添，饲料要多样化，一般精、粗饲料各由 3~4 种组成，并大量饲喂青绿、多汁饲料，日粮中粗蛋白含量 10%~11%。保证饲料质量，注意蛋白质品质，供给充足的钙磷、微量元素和维生素，分娩 3 个月后，产奶量逐渐下降，饲养上可适当减少精料喂量，并通过加强运动、梳刮牛体、给足饮水等措施加强母牛体质，青粗饲料少给勤添。日粮配方改为“玉米 60.0%，饼(粕)类 26.0%、糠麸 10.0%、磷酸氢钙 2.0%、食盐 1.0%、微量元素维生素预混料 1.0%。哺乳母牛根据泌乳规律可分为泌乳初期、泌乳盛期、泌乳中期和泌乳末期 4 个阶段。

(一)泌乳初期

通常指母牛产犊后 7~15 d 的阶段。此期母牛身体处于恢复阶段，产后要及时补充水分促进代谢物排出，产后 2~3 d 喂易消化的优质干草，适当补饲以麦麸、玉米为主的混合精料，控制喂催乳效果好的青饲料、蛋白质饲料等。产犊 3~4 d 后可喂多汁料和精饲料，精料喂量每天不超过 0.5~1.0 kg，增加量不宜过多，对于体质较弱的母牛在产后 3 d 喂给优质干草，产后第 1 天就可喂给少量多汁料，6~7 d 精料喂量可恢复正常水平(1.5~2.0 kg)。犊牛应多吃、早吃初乳。

(二)泌乳盛期

母牛产奶量最多的阶段，大致在产犊后 16 d 至 2 个月，这个时期母牛食欲逐步恢复正常并达到最大采食量，对日粮营养浓度要求高，适口性要好，应限制能量浓度低的粗饲料，增加精料的喂量，精料喂量每天为 2~3 kg，精粗比例在 50∶50，如果日粮能量浓度较低，则加植物性脂肪，并适当延长采食时间。

(三)泌乳中期

母牛产后 2~3 个月的时期。此期母牛泌乳盛期已过，泌乳量下降。这一阶段采食量好，采食量达到高峰，能从正常饲料中摄取足够的营养满足自身需要，增加粗料的同时适当减少精料的用量，精料喂量每天不超过 1.5~2.5 kg，将精粗比例控制在 40∶60 左右。

(四)泌乳末期

母牛产后 3 个月至犊牛断奶的时期，此期应尽可能供应优质粗饲料，适当补给精料，做好犊牛断奶，母牛停止泌乳(干乳)的准备，为了保证母牛有中上等膘情，利于发情配种，提高受胎率，精料喂量每天不少于 2 kg，如粗饲料质量较好，有青绿饲料或苜蓿干草，可酌情减少精料喂量，精粗料比例控制在 30∶70。

七、空怀期母牛饲养管理技术

空怀母牛的饲养管理主要是围绕提高受配率、受胎率，充分利用粗饲料，降低饲养成本而进行的。繁殖母牛在配种前应具有中等膘情，过肥或过瘦往往影响繁殖。精料饲喂过量而又运动不足,易使牛体过肥,造成不发情;在饲料缺乏,母牛瘦弱的情况下,即营养不良,也会引起母牛不发情而影响繁殖。因此,瘦弱母牛配种前1~2个月应加强饲养,适当补饲精料,提高受胎率。

(一)饲养技术

舍饲空怀母牛的饲养以青粗饲料为主,适当搭配少量精料,当以低质秸秆为粗料时,应补饲1~2 kg精料,改善母牛的膘情,力争在配种前达到中等膘情,同时注意食盐等矿物质、维生素的补充。母牛过肥则增加运动量,多喂粗料和多汁饲料,过瘦则多补精料和青绿料。在舍饲条件下青粗饲料供应充足,可不喂或少喂精料。如果仅饲喂低质粗饲料如秸秆,必须进行补饲。对瘦弱母牛配种前2~3个月要加强营养,增加补饲精料1.5~2.0 kg以提高受胎率。

(二)管理技术

母牛空怀的原因有先天和后天2个方面。先天不孕一般是由于母牛发育异常。后天不孕主要是由于营养缺乏、饲养管理及疫病等所致。母牛空怀会造成很大的经济损失,表现为受配率、受胎率低,饲养成本较高。成年母牛因饲养管理不当而造成不孕,在恢复正常营养水平后,大多能够发情,应及时予以配种,防止漏配和失配。牛舍内通风不良、空气污浊、夏季闷热、冬季寒冷、过度潮湿等恶劣环境极易危害牛体健康,敏感的个体,很快停止发情。因此,改善饲养管理条件对提高母牛繁殖力,减少母牛空怀十分重要。此外,运动和日光浴对增强牛群体质、提高肉牛的生殖机能有着密切关系。

八、提高母牛受胎率的措施

(一)加强母牛的饲养管理

1. 确保营养全面均衡

营养是影响母牛繁殖力的重要因素,对母牛的发情、配种、受胎以及犊牛成活起决定性作用。营养不良时,胎衣不下、难产等产科疾病的发病率增高,泌乳能力下降,犊牛成活率降低。因而,应当加强牛的营养供给,在妊娠期的营养水平,要依据不同的孕期,调整营养结构和饲料给量,为牛提供均衡、全面、适量的各种营养,以满足肉牛本身维持和胎儿生长发育的需要。

营养水平过高也可引起繁殖障碍, 主要表现为性欲降低,交配困难。此外,如果母牛过度肥胖,胚胎死亡率增加,仔畜成活率降低。

对初情期的牛,应注重蛋白质、维生素和矿物营养的供应,以满足其性机能和机体发育的需要。青饲料供应对于舍饲的青年牛很重要,应尽可能给初情期前后的牛供应优质的青饲料或牧草。

2. 保证饲料质量与安全

某些饲料本身存在对生殖有毒性作用的物质,如大部分豆科植物中存在植物雌激素,对母牛可引起卵泡囊肿、持续发情和流产等;棉籽饼中含有的棉酚会影响母牛受胎、胚胎发育和胎儿成活等。因此,在饲养中应尽量避免使用或少用这类饲料和牧草。

此外,饲料生产、加工和贮存等过程中也可能产生对生殖有毒、有害的物质。如饲料生产过程中残留的某些除草剂和农药,饲料加工不当所引起的某些毒素(如亚硝酸钠)以及储藏过程中产生的毒素(如黄曲霉毒素)均对卵子和胚胎发育有不利影响。

3. 加强环境控制

要注意牛舍环境的影响，尽可能避免高温、高湿或严寒，特别是前者对牛的影响。实践和研究都证明，高温、高湿对牛繁殖的危害要高于寒冷。在炎热季节，重点是加强防暑降温。例如，可采取遮阴、喷淋等办法降温，

（二）加强繁殖管理

1. 提高母牛受配率

（1）确定合理的初配年龄，维持正常初情期。育成牛配种过早，影响母牛自身及胎儿发育，易出现难产及泌乳性能降低等现象，并影响以后配种及终生生产力。配种过晚，则增加培育成本，降低了产犊效率。长期发情不配，易导致生殖激素紊乱，造成难孕。从肉牛生产实际看，饲养状况良好的育成牛适宜配种年龄为13~14月龄。发育状况稍差的可适当延迟。使母牛在达到初情期后正常发情排卵，是提高母牛受配率的关键。为避免初情期延迟，可定期用育成公牛等诱导发情。

（2）缩短产犊间隔。缩短产犊间隔不仅可以提高繁殖力，而且可以提高产奶量。在牛分娩后进行药物处理，促进子宫复原和卵巢生殖机能恢复，在配种后进行早期妊娠诊断，及时诱导空怀母牛发情配种等。

2. 做好母牛配种管理

（1）做好发情鉴定适时配种和加强妊娠期管理。配种前对母牛的发情规律和繁殖情况进行调查，掌握牛群中能繁殖、已妊娠及空怀、流产的头数和比例。母牛产犊 20 d 后，要注意观察发情情况，对发情不正常或不发情的牛只要查明原因，采取相应的措施进行处理，对隐性发情牛要加强试情或直肠检查工作，做到适

时配种，防止漏配，不喂腐败、冰冻饲料及禁忌药品。母牛进出圈门时防止拥挤，严禁乱打急追，避免母牛过于剧烈运动、惊吓、滑倒等。对配种后 3~5 个月表现发情征兆的母牛，要及时请配种员做好卵巢和子宫检查，防止母牛孕后假发情而配种导致流产。后备母牛配种不宜过早，对妊娠母牛给予营养充足的饲料，适当运动，分娩时搞好助产工作。每年进行整群，将发育不良、母性不强、连续流产、有疾病及老龄母牛淘汰。改变传统垫圈积肥养牛的方式，牛舍应做到冬暖夏凉，干燥，通风良好，光线充足。

（2）遵守操作规程，推广繁殖新技术。繁殖新技术的推广为提高动物繁殖力发挥更大的作用。

①推广早期妊娠诊断技术，可防止失配空怀。

②推广人工授精和冷冻精液技术，可大大提高优良种公牛的繁殖效能。

③推广胚胎移植技术，可大大提高优良母牛的利用率，充分发挥母牛的繁殖潜力。

④合理应用生殖激素，可诱发母牛发情，提高母牛的排卵率及恢复正常繁殖机能。

3. 减少胚胎死亡和防止流产

胚胎死亡是影响产仔数和繁殖力的一个很重要因素。动物早期胚胎死亡率很高，牛 20%~40%。因此，减少胚胎死亡和防止流产是提高繁殖力的一个有效手段。

4. 加强犊牛的饲养管理

（1）断奶：早期断奶可促使母牛尽快恢复体况，提早发情配种，提高母牛情期受胎率。

（2）适时断奶：犊牛在不喂乳情况下，补饲少量精料和干草就能进行正常反刍活动,保证其正常生长发育所需营养。断奶适宜时间为3月龄左右。

5. 预防生殖疾病

(1)输精员必须严格按操作规程输精,防止通过输精枪污染母牛生殖道,造成外源性感染。

(2)母牛产犊时尽量避免将手伸入生殖道内助产或检查,让母牛自然分娩。需要助产时手臂进行严格消毒,同时用消毒药液清洗外阴,或待犊牛两前肢蹄露出母牛外阴后,牵引两前肢助产。产犊后可投入抗菌药物,预防子宫炎症发生。

(3)日常注意观察,发现疾病及时隔离治疗。如遇疑难病症,立即请兽医诊治。

6. 做好繁殖组织和管理工作

提高繁殖力是技术工作和组织管理工作相互配合的综合技术,不单纯是技术问题,所以必须有严密的组织措施相配合。包括:建立一支有事业心的技术队伍;定期培训、及时交流经验;做好各种繁殖记录等。

第七章　犊牛饲养管理技术

犊牛一般指从初生到6月龄的小牛。这个阶段的生长发育是牛整个生命过程中最为迅速的时期。因此,要认真做好犊牛的饲养管理工作。犊牛瘤胃发育,刚出生时瘤胃的容积很小,占4个胃的33%,10~12周时增长至67%,4月龄时增至70%,1岁半时达到85%完成全部发育过程。所以,犊牛在1~2月龄时几乎不能进行反刍;在3~6周时瘤胃内开始出现正常的微生物活动;3~4月龄时开始反刍,6月龄时建立完全的消化功能。此期间的精料和干草只能少量摄取,同时消化这些固体饲料则以第4胃(真胃)和肠道为主,因为前胃没有分泌消化腺的腺体,只有真胃能分泌消化液,所以在前3个胃的功能没有建立之前,主要靠真胃和小肠进行消化。

一、犊牛0~3月龄饲养管理技术

(一)出生至7 d(初乳期)

1. 特点

此时犊牛的生活环境发生巨大变化,即从母体内到了母体外,神经系统和消化器官的机能尚不完善,对新的生活环境适应能力很差。主要表现在以下方面。

(1)抵抗力差:犊牛出生前是在母体内适宜的环境中生长发

育的,不受外界环境的不良影响。出生后犊牛完全暴露在变化无常的外在环境中,表现出明显对不良环境的抵抗力、免疫力差,体质弱,易患病。4 周龄后才有产生抗体的能力。同时皮肤保护机能弱,没有完全的生理屏障,易受病原微生物侵袭而发病,甚至死亡。

(2)消化系统不良:出生后犊牛的瘤网胃很小且柔软无力,仅占 4 个胃总容积的 30%~35%。而皱胃却很发达，占胃总容积的 50%~60%。与成年反刍动物有着较大的区别。从出生到 2 周龄犊牛的瘤胃没有任何消化功能,皱胃是参与消化的为唯一的活跃胃区,这种作用是通过食管沟来实现的。犊牛在吮吸时,体内产生一种条件反射,会使食管沟闭合,形成管状结构,使牛奶或液体由口经食管沟直接进入皱胃进行消化。此时,犊牛的食物消化方式与单胃动物相似,其营养物质主要是在皱胃和小肠内消化吸收。

(3)生长迅速,新陈代谢旺盛:犊牛代谢旺盛,饲料报酬高,生长速度快。随着年龄增长,生长速度变慢,尤其是性成熟期生长速度更慢。

2. 营养

犊牛出生后及时、足量喂给初乳。初乳中含有丰富的蛋白质、矿物质、维生素等多种物质,是初生犊牛不可缺少的食物,对其生长发育有特殊的功能。初乳中含有大量的免疫球蛋白和溶菌酶,对犊牛提高或获得抗病力和免疫力具有十分重要的意义;初乳还有促进胎粪排出、保护胃肠黏膜、抑制细菌等作用。因此,为使犊牛获得较多的营养,不但要让犊牛吃到初乳,还要尽早地吃上初乳。一般在犊牛出生 1 h 内应该吃 2 L 初乳,过 5~6 h 后再吃 2 L。

(二)7 d 至断奶(常乳期)

犊牛经过 5~7 d 初乳期之后开始哺喂常乳,至完全断奶的这一阶段称为常乳期。

1. 特点

常乳期是犊牛体尺、体重增长及胃肠道发育最快的时期,尤其以瘤、网胃的发育最为迅速,是由真胃消化向复胃消化转化、由饲喂奶品向饲喂草料过渡的一个重要转折时期。

2. 营养

随着哺乳犊牛的生长发育、日龄增加,每天需要的养分增加,而母牛产后 2~3 个月产乳量逐渐减少,出现单靠母乳不能满足犊牛养分需要的矛盾。同时为了促进瘤胃的发育,在犊牛哺乳的同时应用“开食料”和优质青草或干草进行补饲。

(1)哺乳常乳:一般采用自然哺乳,最好用母亲的常乳喂养。如果母牛产后死亡、虚弱、缺乳,或者母性不佳,不能进行自然哺乳时可寻找奶水充足的其他母牛代喂养或人工哺乳。

①随母哺乳法:让犊牛和其生母在一起,从哺喂初乳至断奶一直自然哺乳,为促进犊牛发育和减轻母牛泌乳负担,有利于产后母牛正常发情,可在母牛栏旁边设一犊牛补饲栏单独给犊牛补草料。

②保姆牛哺乳法:选择健康无病、气质安静及乳头健康、产奶量中下等的乳用牛做保姆牛,安排母牛缺乳或母亲已死亡的犊牛,调教其相认后自由哺乳。调教保姆牛接受犊牛的办法,可采用把保姆牛的尿或生殖道分泌物或其亲犊的尿涂于寄养犊的臀部和尾巴上。注意安全,对脾气躁的母牛第一次让寄养犊牛吮乳时将其后肢捆绑,多次吮乳之后证明保姆牛已承认寄养犊牛时可停

止捆绑。

③人工哺乳法:对乳肉兼用和一些因母牛产后泌乳少或者没有母乳可哺乳的犊牛,应对其采取人工哺乳。饲喂犊牛过程中应严格注意两点:首先,从第一次喂初乳开始,头几天使用带奶嘴的奶瓶饲喂,这样可以控制犊牛的饮奶速度,使其缓慢吸奶,可以减少腹泻。几天后即可训练小牛直接从奶桶饮奶。并注意喂奶用具的严格消毒。其次要做到定质、定量、定温、定时。第1周内初乳的饲喂温度与体温接近,以后常乳及代乳粉保持饲喂完毕后用清洁的毛巾擦拭犊牛嘴边,防止犊牛产生舔癖。随着日龄的增长,犊牛的食量不断增加。限制奶液的摄入可以尽早地让犊牛开始适应固体饲料,犊牛饲喂顺序一般是先喂牛奶,然后喂精料,最后喂草料。在饲喂牛奶、代乳粉和开食料的同时,还应给犊牛补充足够清洁、新鲜的饮水。

(2)补饲精饲料:犊牛生后1周后开始训练采食精饲料,以补充营养和促进胃肠发育。犊牛精料要求高能量,易消化,适口性好,刺激瘤胃迅速发育,蛋白质符合犊牛生长需求,原料质量好,有条件犊牛料可制成颗粒状,直径4~8 mm。犊牛料的采食量1周内诱食量很少,随着犊牛成长少量增加。

(3)补饲粗饲料:为促使肠胃尽早发育,在消化道功能完善前喂给粗饲料。犊牛出生1周后,在牛槽内可放少许优质青干草自由采食,2月龄可增加到1.0~1.5 kg;出生2月龄可在食槽撒少量青贮饲料,最初每天可喂给100~150 g;3月龄时喂到1.5~2.0 kg;4~6月龄增至4~5 kg。

(三)隔栏补饲技术

哺乳期犊牛主要以牛奶获取营养,初生犊牛的消化方式与单胃动物相同,皱胃是唯一发育完全并具有消化功能的胃。犊牛瘤胃容积小,瘤胃在出生后 2~3 周开始迅速发育,3~7 周是从不反刍向反刍的过渡阶段,7 周后才具备正常反刍功能。在前三胃的消化功能还没有建立以前,此时主要靠皱胃进行消化。早期补料可刺激瘤胃快速发育,促进瘤胃微生物菌群的建立与增殖,同时饲草在瘤胃内进行发酵,其发酵产物对瘤胃黏膜乳头的发育有刺激作用。提高精料比例有利于瘤胃黏膜乳头的成长,提高干草比例则有利于瘤胃的容积扩大和组织发育。初乳进入犊牛的皱胃后才能刺激皱胃分泌胃液,此时皱胃中仅有凝乳酶参与消化。犊牛不可以消化植物性饲料,因为胃蛋白酶作用很弱,犊牛一般在出生 14 d 左右才开始分泌胃蛋白酶。犊牛能消化脂肪,因为犊牛胰液中存在脂肪消化酶,且 56 日龄时胰脂肪酶活力达最高水平。犊牛具有逐渐消化利用淀粉的能力,犊牛哺乳以后,产乳糖酶量逐渐减少,产麦芽糖酶量迅速增加,但犊牛由于缺乏蔗糖酶而不能消化蔗糖。因此要根据消化酶的产生特点为犊牛提供易消化的营养物质,从而制订合理的早期断奶方案。犊牛早期补料,一方面可以提高断奶中和断奶后的犊牛增重速度, 降低犊牛培育成本;另一方面, 早期补料可以促进犊牛瘤胃的充分发育而促进生长,增强抗病能力,减少发病率和降低死亡率。

1. 补饲栏的设置

在哺乳母牛舍的一侧,用两根平行于地面的栏杆和若干竖立的栏杆将犊牛采食区与繁育母牛活动区隔开, 围成一个小牛栏,每头犊牛占地 2 m^2 以上,保持清洁、干燥、采光良好、空气新鲜且无贼风、冬暖夏凉。设立竖栏时,栏高 120 cm,栏杆间隙宽 15 cm 以内。设置横栏时,最下面一根高度应在犊牛膝盖以上,脖子下缘以下(30~40 cm),第二根栏杆与犊牛背平齐。犊牛栏内设置精料槽、粗料槽和水槽。隔栏上设置一个门,可供犊牛自由进出。

2. 早期补料的方法

开食料最好采用营养全面、消化率高、使用方便的颗粒料。要求具有良好的适口性、低含量的粗纤维、高含量的蛋白质等特点。在犊牛出生后 7 d 开始训练补料,最初每天喂 10~20 g,几天后逐渐增加到 80~100 g,30 d 时日采食量一般可达 250~300 g,60 d 时达 600~1 000 g。犊牛断奶的时间,主要取决于精料的采食量,当连续 3 d 采食超过 1 000 g 精料时即可考虑断奶。

(四)早期断奶技术

犊牛哺育的方法,哺乳期长,耗奶量大,成本高,瘤胃发育晚,对以后的生产性能无益。根据犊牛自身生长发育的特点,提早进行断奶,能有利于减少牛奶及代乳粉的消耗量,提高经济效益,还能促进犊牛瘤胃的发育,完善瘤胃微生物区系的建立。应根据牛场的饲养技术水平,犊牛的体况和补饲饲料的质量而定,发育健康的犊牛可在 60 日龄进行早期断奶。具体方法:断奶前半个月左右,开始增加精料和粗料,减少牛奶喂量。每天喂奶次数由 3 次改为 2 次,临断奶时由 2 次改为 1 次,一般认为断奶时精饲料用量为每天 1 kg 左右。3 月龄精料增加到 1.5~2.0 kg,在这一期间可大量供给粗饲料。

二、犊牛 4~6 月龄饲养管理技术

断奶后,犊牛继续留在犊牛栏饲喂 1~2 周,减少环境变化应激,继续饲喂同样犊牛料和优质干草,减少饲料变化应激,断奶后,犊牛料采食量应在 1 周内加倍,最高不要超过 2 kg/(头·d),

断奶转群后，应当以小群饲养(7~10 头)，给予换料过渡期。犊牛断奶后，如果牛舍条件较差，很有可能成为犊牛死亡的主要原因。这一阶段的犊牛主要达到 3 个同等重要的要求，有一个干燥的牛床；要有充分的新鲜空气；牛舍的环境要清洁，使牛感到舒适。犊牛断奶后，继续喂以开食料至少 2 周，头日喂量 1.8~2.0 kg，此后喂以促进生长的日粮，其粗蛋白含量为 16%~20%(根据饲草的品质来定)，一直喂到 6 月龄。对于 2~6 月龄犊牛的粗饲料应当要格外注意，要确保优质、蛋白含量高、无霉菌、饲料要切碎、叶片多、茎秆少，让犊牛自由采食，这一月龄阶段的犊牛，最好不喂发酵过的粗料，如青贮等，只有当犊牛达到 4~6 月龄时，才可少量投喂。因为犊牛的瘤胃太小，尚未发育，对于干物质含量低，纤维含量高的发酵饲草不易消化，同时也难于吸收短链脂肪酸，因此，犊牛应该选用干物质含量高的饲料来弥补采食量小的缺点。

第八章　肉牛育肥技术

一、直线育肥技术

直线育肥也叫持续强度育肥，就是犊牛断奶后不吊架子，直接转入生长肥育阶段。犊牛直线育肥技术与传统架子牛育肥相比具有生产周期短、出栏率高、肉的品质好、经济效益好等优点，并且该方法还是生产高档牛肉的重要手段。犊牛直线育肥法需要掌握关键的技术要点，应加强品种的选择、做好犊牛阶段的饲养管理。

（一）选择合适的品种

犊牛直线育肥首先要选择合适的品种，良好的品种是确保育肥成功的关键。一般选择的品种多为国外引进的优良品种与当地的黄牛品种的杂交后代，常选择的品种为夏洛莱、西门塔尔、利木赞等，所获得的杂交后代通常生长发育速度快、饲料转化率高、肉品质好。

（二）犊牛阶段的饲养管理技术

犊牛是指从出生到6月龄的牛。犊牛直线育肥法对于犊牛质量的要求很高，犊牛质量的好坏会影响到犊牛的健康和生长发育，从而直接影响犊牛后期生产性能的发挥和育肥效果。因此，首先要做好犊牛各环节的饲养管理工作，使其顺利断奶，断奶后重量达到一定的标准。

1. 犊牛的饲养技术

犊牛在吃了1周左右的初乳后即进入吃常乳的阶段,可以适当地给犊牛补充饲喂维生素A、维生素D、硒、铁等营养物质,以免犊牛出现营养性贫血等不良现象。10日龄左右时可以饲喂少量优质的干草,逐渐增加精料的饲喂量,3月龄时精料的饲喂量可以达到1.0~1.5 kg,此时犊牛即可断奶。在犊牛阶段要给其提供充足、清洁的饮水。注意犊牛阶段饲料的质量,严禁饲喂犊牛发生霉变、受到污染、有毒的饲料。

2. 犊牛的管理技术

犊牛出生打耳号,做好记录。在2周龄时去角。犊牛在出生1周后可进行适量的运动,随着日龄的增长,可适当地增加运动量。控制好养殖环境的温度、湿度、空气质量等,保持养殖环境的清洁卫生,并定期消毒,还要保持饲养用具的清洁。犊牛在成功断奶后即直接进入育肥阶段,在转群时要做好分群的工作,根据性别、体重、品种等进行合理的分群,便于管理。另外,还需要根据本场的免疫计划做好免疫接种的工作。

(三)育肥阶段的饲养管理技术

在犊牛准备转入育肥舍前,做好清洁、消毒工作。育肥舍的温度要控制在6~25℃,做到冬暖夏凉,夏季要做好防暑降温的工作,加强日常的通风换气。

1. 育肥阶段的饲养技术

犊牛进入育肥期时需要有15 d时间的适应期,此阶段不要急于育肥,要让犊牛充分适应新的环境和新的饲料。在适应期如果没出现任何问题后即可进入正式的育肥期。用于犊牛育肥的饲料种类很多,牧草、农作物秸秆、青贮料、多汁类饲料、酒糟、玉米、豆饼、麦麸、矿物质等。

2. 育肥阶段的管理技术

要加强育肥阶段的管理工作，在饲喂上每天以饲喂3次为宜，全混合饲喂，可以有效地提高育肥效果。冬季要禁止饲喂冰冻饲料、饮用冻水。做好育肥牛的驱虫工作，在12月龄时要给育肥牛进行健胃。保持牛体的清洁卫生，有条件可每天刷拭牛体1~2次。做好定时、定量、定人、定期称重等工作。同时观察采食、饮水、反刍以及排泄情况。

二、奶公犊的直线育肥技术

近年来，随着养牛业的发展，奶公牛的利用越来越受到重视。奶公犊直线育肥技术是利用奶公牛犊生长速度快、饲料利用率高、养殖成本低等优势。奶公牛犊在断奶后不需要吊架，直接进入育肥阶段。该项技术可提高犊牛的附加值，降低养殖成本，还可以有效地解决肉牛养殖牛源不足的问题，可取得良好的养殖经济效益。

（一）犊牛阶段的饲养管理

奶牛繁殖生产的母犊牛用于培育产奶、一部分公犊牛用于培育种公牛外，其他公犊牛则用于育肥。对其进行饲养管理时要根据不同阶段的需求提供科学的饲养管理。

犊牛在哺乳期要与母牛分栏饲养，饲养管理时要定点、定量、定质，同时还要保持犊牛适量的运动量，可将犊牛赶到运动场内运动，接受阳光照射，促进健康。另外，还要保证犊牛的休息时间。犊牛约在3月龄时，当精料的采食量达到1.0~1.5 kg时即可以实施断奶。断奶要逐渐进行，以减轻断奶应激。犊牛在断奶后要按品种、月龄、体重来进行合理分群，将年龄、体重相近的犊牛分为一群，可避免出现以大欺小、争食打斗的现象发生，便于管理。

(二)育肥阶段的饲养管理

育肥前的准备工作。犊牛在断奶后即可转入育肥舍进行育肥，用于育肥犊牛的圈舍一般要求地势高燥，背风向阳、通风换气良好、采光良好、冬暖夏凉。犊牛在转入育肥舍前要将圈舍进行彻底的清扫和消毒，对于圈舍内地面以及墙壁要用 10%~20%生石灰进行喷洒消毒，料槽及水槽则用 5%氯毒杀消毒，交替使用消毒药剂，以免产生耐药性。夏季育肥要做好防暑工作，可在舍外搭建遮阳棚，在舍内安装降温装置，保持良好的通风，以及时排出有害气体。冬季要做好保温工作，保持舍内适宜的温度。

犊牛转入育肥舍后要先让其休息，然后再进行一次全群驱虫健胃的工作。在驱虫健胃后，饲喂一些易于消化的饲料，让其适应新的环境以及饲养方式，然后再进入正式的育肥阶段，在育肥过程中要观察好牛群的采食、饮水、反刍以及排泄情况。

犊牛的育肥要按育肥期和催肥期来进行分阶段育肥。一般育肥期为 150 d，主要是为了促进肌肉和骨骼的发育，根据不同的月龄提供适宜的营养。催肥期一般为 100~130 d，这一阶段主要是脂肪的沉积和牛肉品质的改善。饲养时可每天饲喂 3 次，在整个育肥过程中都要给其提供优质的全价饲料，不可饲喂冰冻饲料或者发生霉变的饲料。在更换饲料时要做好换料的过渡工作，以免产生换料应激。育肥过程中还要提供充足的饮水，可有效地提高采食量，一般在饲喂后 2 h 内饮水，注意在冬季提供温水。当奶公牛达到 16~19 月龄，体重达到 500 kg 时，即可出栏。

（三）技术要点

1. 犊牛饲养管理

犊牛是指出生到6月龄的牛。一般按月龄和断奶情况分群管理，可分为哺乳犊牛（0~3月龄）、断奶后犊牛（4~6月龄）。

（1）新生犊牛护理

适宜环境：犊牛生活环境应清洁、干燥、宽敞、阳光充足、冬暖夏凉，最适宜温度为15℃。清除黏膜：犊牛出生后首先清除口鼻中的黏液，方法是使小牛头部低于身体其他部位或倒提几秒钟使黏液流出，然后用人为方法诱导呼吸。用布擦净身上黏液，然后从母牛身边移开。

断脐带：挤出脐内污物，用7%碘液消毒肚脐并在离肚脐5 cm处打结脐带或用夹子夹住，出生2 d后应检查小牛是否有感染。

喂初乳：犊牛出生1 h之内要保证首次吃上初乳，饲喂量为犊牛体重的10%，用胃管灌服或自由哺乳均可，初乳适宜温度约38℃，5~6 h再饲喂1次10%体重的初乳。

补充营养：要适当补充一些维生素A、维生素D、维生素E、亚硒酸钠和牲血素。犊牛料中可适当添加生长素0.26%，腐殖酸钠1.03%。

打耳标和做记录：犊牛出生10日内，打耳号、去角、登记谱系。标准化的耳号书写：上面是场号，下面是牛号。牛系谱要求填写清楚、血统清晰。

去角：2周内去角，采用苛性钠或电烙铁方法。如遇蚊蝇较多的季节，应在伤口处涂上油膏以防蚊蝇。

（2）犊牛饲养

营养需要：哺乳期60~90 d，全期哺乳量300~400 kg，精料喂量 185 kg，干草喂最 170 kg。期末体重达 155~170 kg。

喂常乳、开食料：犊牛提早饲喂初乳，7 日龄后转喂常乳，并开始饲喂开食料，料、奶、水需分开饲喂。

断奶：犊牛出生 1 周后开始训练采食干草，随着日龄增长，开食料也相应增加，3 月龄精料采食量逐渐增加到 1.0~1.5 kg，可以断奶。断奶后，按犊牛月龄、体重进行分群，把年龄、体重相近的犊牛放在同群中。6 月龄以前精料采食量增至 2.0~2.5 kg。2 月龄开始加喂青贮，首次喂量 100~150 g，5~6 月龄青贮料平均日喂量 3~4 kg，优质干草 1~2 kg。日粮 Ca:P 比例不超过 2:1。

饮水：早期断奶犊牛饮水量是干物质采食量的 6~7 倍。除了喂奶后需给予饮用水外，还应设水槽供水，早期（1~2 月龄）要供温水，水质应符合相关要求。

卫生：犊牛饲养用具及环境要保持干净。奶桶喂奶后用 40℃高锰酸钾溶液（0.5%）浸泡，用毛巾将犊牛嘴鼻周围残留的乳汁及时擦净。哺乳用具每次用完后应清洗、消毒。犊牛围栏、牛床等应保持干燥，定期消毒。

运动：犊牛出生 1 周后可在圈内或笼内自由运动，10 d 后可到舍外的运动场上做短时间的运动。一般开始时每次运动 30 min，每天运动 1~2 次，随着日龄的增加可延长运动时间。

转群：犊牛断奶后需进行布鲁氏菌病和结核病检疫，并进行口蹄疫疫苗和炭疽芽孢苗免疫接种。满 6 月龄时称体重、测体尺，转入育成牛群饲养。

疾病预防：每日仔细观察犊牛精神状态、食欲、生长发育、粪便等。定期进行体温、呼吸及血尿常规检查，预防疾病发生。如发现异常，及时进行处理。

三、架子牛快速育肥技术

(一)优势

架子牛育肥的优势是增重速度快、饲料利用率高、饲料成本低、育肥时间短、饲养周期短以及资金周转快。架子牛育肥还可以改善牛肉的品质。

(二)主要技术措施

1. 架子牛的选购

架子牛育肥,做好选购工作很重要。主要从品种、年龄、性别、体重以及体型特征等方面进行考虑。

(1)品种。不同品种的肉牛的增重速度不同,在选购时要根据市场需求、当地的饲养条件、可利用的饲料资源、饲养管理水平进行科学选购。品种一般为国外引进的优良品种与当地黄牛的杂交后代,具有生长速度快、体重大、肉质好、饲料转化率高等优点。

(2)年龄。架子牛育肥以短期育肥为目的,在年龄选择上要遵循肉牛的生长发育规律, 目前架子牛育肥宜选择 2 岁以内的肉牛,不宜超过 3 岁。根据不同的饲养管理需求选择不同年龄段的架子牛,一般计划饲养 3~6 个月,则应选择 1.5~3.0 岁;计划 18~22 月龄出栏,可选择购买 15~19 月龄;计划 30 月龄出栏,应选购 26~27 月龄。

(3)性别。性别对于架子牛的育肥效果有一定的影响,在饲养管理条件相同的情况下,公牛的生长速度要比去势牛和母牛的速度快,因此,选择 2 岁以内的架子牛,以不去势的公牛最好,公牛的瘦肉率较高,肉色鲜艳,风味也较好。

(4)体重。选购架子牛要注意体重,一般对于 18~24 月龄的杂种牛, 体重应为 300~400 kg, 进行 3 个月的短期育肥效果较好。

如果选择 6 个月的育肥期，则以选择 18~30 月龄，体重 300 kg 为宜。

另外,要求架子牛发育良好,体型较大,结构匀称,皮肤松弛有弹性,健康无病。

2. 育肥前的准备

架子牛正式入场育肥前需做好准备工作,牛舍的地面、墙壁、工具、设备等进行全面的清洗和消毒。在选购好架子牛后要将架子牛运输到场，做好运输过程中的管理工作，尽可能减少应激的发生。当架子牛运输到场后不可以立即进行育肥,要有一段时间的隔离期(适应新环境),观察 15~20 d。刚入场的前两天,要少量饲喂优质的青干草,同时饮用充足的饮水,然后再逐渐增加饲喂量,慢慢适应饲料的变化。在正式育肥前进行驱虫和健胃。经过渡期的饲养,架子牛完全适应,且健康无病后即可进入正式的育肥期。

3. 架子牛的饲养

架子牛进入育肥期后需要根据其生长发育的特点分阶段育肥,一般可分为前期、中期、后期。

(1)育肥前期。主要以肌肉和骨骼的生长发育为主,这一阶段架子牛的生长发育速度快、饲料利用率高,因此饲喂时要注意日粮的营养,可逐渐增加精料的饲喂量,同时减少粗饲料的饲喂量。日粮中蛋白质类和矿物质要充足，同时给其提供充足的饮水,但是要注意日粮的精粗比要配比合理,否则,精料过量会引起架子牛瘤胃发酵异常,导致消化系统紊乱。

(2)育肥中期。饲喂是让其逐渐适应高精日粮,因此,要求给架子牛饲喂高精全价日粮,为了防止架子牛在这一阶段精料采食过量,可以在饲料中添加碳酸氢钠,以中和瘤胃中的酸,育肥中期一般为 30 d。

(3)育肥后期。也称催肥期,这一阶段饲养目的是加强架子牛体内脂肪的沉积,改善肉质,需要给其提供高能饲料,以达到快速催肥的效果。

4. 架子牛的管理

(1)分群。在育肥前要按品种、体重、性别等进行合理的分群,一般按性别、年龄、体型、性情等分群、分圈饲养,避免野交乱配、以强凌弱、惊扰牛群等行为,同时适应不同生长发育速度的牛对不同营养需要的要求。

(2)卫生防疫。要给架子牛提供适宜的育肥环境,保持清洁卫生,加强通风换气,保持舍内适宜的温度和相对湿度,做好夏季的防暑降温和冬季的防寒保暖工作,要勤换垫草垫料。要对牛群按时进行检疫,对患有传染病的牛要及时隔离或淘汰,杜绝传染病传人或传出牛群。对圈舍、运动场要保持清洁,要经常进行消毒。

(3)生长发育测定。做好定期的称重、体高、胸围等测定工作,以掌握架子牛的增重,判断生长发育情况,利于及时调整饲喂量,以达到预期的要求。

四、优质肉牛生产技术

优质肉牛的生产需要严格的管理体系和科学的防疫系统。因此,养殖场可以从采用自繁自养的养殖模式、注重防疫、加强驱虫保健、提高环境管理质量等方面入手,不断提升优质肉牛生产的效率和质量。

(一)自繁自育

肉牛育肥过程中经常采用外部购买架子牛和自繁自育的方

式进行育肥。外购架子牛有其自身的优点和劣势，最突出的表现就是可以减少肉牛养殖前期的经济投入。同时，外部架子牛容易将病菌带入养殖场，使疾病大肆地发生传染和蔓延，从而造成严重的经济损失。另外，近年来架子牛货源紧缺，收购价格不断攀升，导致牛源不足。为了保证优质肉牛的高效安全生产，降低饲养成本，养殖场应该应用自繁自育的育肥模式为宜。

（二）重视防疫

为了保证优质肉牛的高效安全生产，养殖场一定要重视日常的防疫工作。形成日常管理制度，将防疫工作融入每日的养殖管理工作中，并且建立健全紧急防疫措施。在厂区门口、各个生产部门门口设置专门的消毒池和消毒用具，养殖场应该配备专门的消毒间，并设置紫外灯等消毒用具。当厂区有外来人员或者车辆进入时，应该引领他们经过消毒池和消毒间进行消毒杀菌工作。除此之外，肉牛养殖场也应该进行定期科学的杀菌消毒工作，一般厂区的消毒频率为 1 个季度 1 次，牛舍的消毒频率为 1 个月 1 次，牛床的消毒频率为 1 周 1 次。在消毒杀菌过程中，养殖人员要做到认真细致，不仅要对地面和墙壁进行消毒，还要对料槽、水槽等与肉牛生活相关的器具进行详细的消毒处理。对养牛环境及牛只消毒，使用的消毒药剂要进行准确配比，一般为 0.1%的新洁尔灭或者 0.3%的过氧乙酸，从而最大限度地减少养牛环境中的微生物数量，大大降低发生疾病的概率。除了对环境的消毒，在肉牛养殖过程中针对一些特殊情况也要进行特殊防疫处理，比如肉牛的助产、配种、疾病诊断和治疗过程可能要对牛的阴部、伤口等部位进行直接接触，在这种情况下，养殖人员一方面要对医疗器械做好消毒杀菌处理，另一方面还要对自身进行防疫处理，在整个诊治过程中都要佩戴防护服和防护口罩,从而最大限度地降低疾病传播的风险。

(三)加强驱虫保健

导致肉牛品质下降的另一重要因素是寄生虫感染。由于肉牛的采食习惯、身体素质、免疫能力的高低不同,肉牛可能会患有寄生虫病。当肉牛患有寄生虫病时,会使得肉牛出现精神萎靡、食欲减退、逐渐消瘦等病症表现,严重的情况还会导致肉牛患病,不仅会大大降低肉牛的饲料利用率,还有可能直接影响肉牛养殖的经济效益。所以优质肉牛养殖过程中,驱虫保健工作是必不可少的。选择高效、广谱、低毒、使用方便的驱虫药物。一般驱虫药物的使用方法是将驱虫药拌在肉牛的饲料中让肉牛空腹食用。养殖场进行大规模的驱虫保健工作,应该先针对驱虫药物的选择进行试验,从养殖场中选出肉牛样品,给它们喂食驱虫药,如果没有不良反应或者强烈的副作用,才可以在养殖场中进行大规模的使用。在进行驱虫工作之后,还要注重对虫卵、虫体的收集,驱虫工作尽量在隔离条件下进行,这样有助于快捷方便地收集肉牛的尿液和粪便,避免虫卵、虫体、幼虫等对外界环境的污染,最大限度地降低疾病扩散程度。

(四)环境管理

优质肉牛高效安全生产的关键还在于环境管理。针对肉牛养殖中的各种问题和突发情况,预防比治疗更加有力。优秀的环境管理要保证养殖场的环境卫生,保持牛舍的清洁和干燥,可以大大降低疾病发生和传染的概率,有助于从源头切断感染源的发生。养殖场要为牛舍配备完善的通风设置和控温系统,另外还要保证牛舍正常的湿度,及时地清除肉牛的粪便,做好定期消毒防疫工作。

第九章　肉牛场场地规划及防疫措施

畜牧场是从事动物生产的主要场所，是家畜进行生产的重要外界环境条件，畜牧场环境的好坏，直接影响到畜舍内空气环境质量和畜牧生产的组织。良好的畜牧场环境应具备如下条件：

（1）保证场区具有良好的小气候条件，有利于畜舍内空气环境的控制。

（2）消毒设施健全，便于严格执行各项卫生防疫制度和措施。

（3）畜牧场规划科学，布局合理，便于合理组织生产、提高设备利用率。

（4）便于畜禽粪便和污水的处理和利用。

（5）便于原料的采购和产品的销售。

因此，建立一个畜牧场，必须从场址选择、场区规划布局以及场内卫生防疫设施等多方面综合考虑，合理设计，为家畜生产创造一个良好的环境。

一、肉牛场场址选择

具有一定规模的畜牧场，在建场之前，必须对场址进行必要的选择，因为场址的好坏直接关系到投产后场区小气候状况、牧场的经营管理及环境保护状况。场址选择主要应从地形土壤、水源、交通、电力、物资供应及与周围环境的配置关系等自然条件和社会条件进行综合确定畜牧场的位置。

(一)地形、地势

地形是指场地形状、大小和地物等情况。要求牧场场址的地形应开阔整齐,有足够面积。地形开阔,是指场地上原有房屋树木河流、沟坎等地物要少,可减少施工前清理场地工作量或填挖土方量。地形整齐,则有利于建筑物的合理布局,并可充分利用场地。要避免选择过于狭长或边角太多的场地,因为地形狭长,会拉长生产作业线和各种管线,不利于场区规划、布局和生产联系;而边角太多,则会使建筑物布局凌乱,降低对场地的利用率,同时也会增加场界防护设施的投资。场地面积应根据肉牛规模、饲养管理方式、集约化程度和饲料供应情况(自给或购进)等因素来确定。确定场地面积应本着节约用地的原则,不占或少占农田。我国牧场建筑物一般采取密集型布置方式,建筑系数一般为20%~35%。

地势是指场地的高低起伏状况。牧场场地应地势高燥、平坦。地势高燥,有利于保持地面干燥,防止雨季洪水的冲击。地势低洼容易积水而潮湿泥泞,有利于蚊蝇和微生物滋生,降低畜舍使用寿命,提高畜舍外围户结构的导热性。因此,牧场应选择高燥场地。一般要求,牧场场地应高出当地历史洪水线以上,地下水位在2 m以下。场地平坦,可减少建场施工土方量,降低基建投资。场地稍有坡度,便于场地排水。在坡地建场宜选择向阳坡,因为我国冬季盛行北风或西北风,夏季盛行南风或东南风,所以向阳坡夏季迎风利于防暑,冬季背风可减弱冬季风雪的侵袭,对场区小气候有利。但场地坡度不宜过大,一般要求不超过25%,否则,会加大建场施工工程量,而且也不利于场内运输。

（二）土壤

畜牧场场地的土壤情况对家畜影响很大。它不仅影响场区空气、水质和植被的化学成分及状态，而且影响土壤的净化作用。

透气性和透水性不良、吸湿性大的土壤，当受粪尿等有机物污染以后，往往在厌氧条件下进行分解，产生氨和硫化氢等有害气体，使场区空气受到污染。此外，土壤中的污染物还易通过土壤孔隙或毛细管而被带到浅层地下水中，或被降水冲刷到地面水源里，从而使水源受到污染。

潮湿的土壤是微生物得以生存的条件，也是病原微生物、寄生虫卵以及蝇蛆等存活和滋生的场所。吸湿性强、含水量大的土壤，因抗压性低，易使建筑物的基础变形，缩短建筑物的使用寿命，同时也会降低畜舍的保温隔热性能。

土壤的化学成分可通过水和植物进入畜体。土壤中某些矿物元素的缺乏或过量，可导致家畜发生某些矿物元素的地方性缺乏症或中毒症。

通常适合于建设畜牧场的土壤，应该是透气透水性强、毛细管作用弱、吸湿性强和导热性小、质地均匀、抗压性强的土壤。砂壤土由于沙粒和黏粒的比例比较适宜，兼具沙土和黏土的优点。既克服了沙土导热性热容量小的缺点，又弥补了黏土透气透水性差、吸湿性强的不足。砂壤土抗压性较好，膨胀性小，适于做畜舍地基。因此，砂壤土是建立畜牧场较为理想的土壤，但在一定地区内，由于客观条件的限制，选择最理想的土壤是不容易的。这就需要在畜舍的设计、施工、使用和其他日常管理上，设法弥补当地土壤缺陷。

(三)水源

建立一个畜牧场,必须要有可靠的水源。畜牧场的水源要求水量充足,水质良好,便于取用和卫生防护。

畜牧场水源的水量,必须满足畜牧场内的人、畜饮用和其他生产、生活用水,并应考虑灌溉和未来发展的需要。人员用水可按每人每天 24~40 L计算, 家畜饮用水和饲养管理用水可估算,消防用水按我国防火规范规定,场区设地下消火栓,每处保护半径应不大于 50 m,消防水量按每秒 10 L 计算,消防延迟时间按 2 h 考虑。灌溉用水可以根据场区绿化、饲料种植情况确定。

作为牧场人、畜饮用水,必须符合饮用水水质卫生标准。若水质不符合饮用水卫生标准时,需经净化和消毒处理后使用。若水源水含有某些矿物性毒物,还需进行特殊处理,达到标准后方可使用。

1. 水源选择原则

(1)水量充足:水量不仅要满足当前职工生活及生产需要,而且要考虑到扩大再生产的需要以及季节变化的要求。

(2)水质良好:水源水质经普通净化和消毒后能达到国家生活饮用水水质卫生标准的要求。

(3)便于卫生防护:取水点的环境要便于卫生防护,卫生条件良好以防止水源遭到污染。

(4)技术经济上合理:取用方便,净化消毒设备简易,基建及管理费用最节省等。在地下水丰富的地区,应优先选择地下水源,特别是深层地下水。从经济角度来考虑,在地面水丰富的地区,也可选用水质较好的地面水作为饮用水源。

2. 水源水质的卫生要求

对饮用水源水质的基本要求是,经适当处理后水质能达到饮用水水质卫生标准的要求,具体表现为:

(1)经净化处理后的水源水感官性状和一般化学指标应符合生活饮用水水质标准。

(2)饮用水源水不含有毒有害物质,其毒理学指标应符合生活饮用水水质标准的要求。在一般情况下,很难用一般的净化方法除去水中的有毒有害物质。因此,水源水主要毒理学指标不得超过生活饮用标准的要求。

(3)对经过净化和加氯消毒后便供作生活饮用水的水源水,大肠菌群平均每升不得超过 10 000 个;对只经过加氯消毒后便开始供做生活饮用水的水源水,大肠菌群平均每升不得超过1 000 个。

3. 水源的卫生防护

分散式给水是指用水点分散地由水源(井、河、湖、塘等)直接取水。集中式给水是指在水源集中取水,对水净化消毒后,通过输水管道将水送到各用水点。集中式给水和分散式给水的水源都有被污染的可能。因此,对所有水源都要采取适当措施加强卫生防护,以防水源受到污染。集中式给水一般通过水厂的设备进行沉淀、过滤、消毒(氯化消毒)来实现饮用水无害、无毒、无污染。主要的水源卫生防护要求如下。

(1)井水:井口位置不要选择在低洼或沼泽地带,以免发生暴雨时雨水淹没井,井口应设置井台,井台应高于周围地面。井台周围环境要清洁,在 30~50 m 范围内无污染源(漏粪厕所、渗水坑、沤肥池污水池、垃圾堆等),以防止污染物污染水源。建井时,应在井周围建立护井栏，并将水井周围3~5 m的范围内划为卫生防护区，在卫生防护区内，不得洗衣，倾倒和堆放污物。

(2)河水：河水应首先选好取水点，取水点上游1 000 m，下游100 m内，不应有污水排放口，并应清除在周围100 m内的各种污染源(粪坑、污水坑、垃圾堆等)。取水点最好建在污水排放口、畜牧场和码头的上游。

(3)湖泊与池塘水：湖泊与池塘水和河水一样，应选好取水点，在100 m范围内没有污染源，不让水禽在周围活动，取水处可设置吸水踏板或吸水码头，以便取远离岸边的清洁水。

(四)社会联系

社会联系是指畜牧场与周围社会的关系，如与居民区的关系，交通运输和电力供应条件等。

畜牧场场址的选择，必须遵循社会公共卫生准则，使畜牧场不致成为周围社会环境的污染点，同时也要注意不受周围环境的污染。因此，畜牧场应选在文化、商业区及居民点的下风处且较低处，但要避开其污水排出口。畜牧场不能位于化工厂、屠宰场、制革厂等易造成环境污染的企业的下风处或附近。此外，畜牧场与居民点及其他牧场应保持适当的卫生间距：与居民点之间的距离，一般牧场应不少于30~50 m，大型牧场应不少于1 000 m；与其他牧场之间的距离，应不少于150~300 m，大型牧场之间应不少于1 000~1 500 m。虽然畜牧场饲料和产品的出入要求交通方便，但交通干线又往往是疫病传播的途径，因此，在选择场址时，既要考虑到交通方便，又要使牧场与交通干线保持适当的卫生间距。一般来说，距一、二级公路和铁路应不少于300~500 m，距三级公路(省内公路)应不少于150~200 m，距四级公路(县级地方公路）不少于 50~100 m。

选择场址还应考虑供电条件、饲料的方便供应和废弃物的就地处理与利用，特别是集约化程度较高的大型畜牧场，必须具备可靠的电力供应。为了保证生产的正常进行，减少供电投资，应尽量靠近原有输电线路，缩短新线架设距离。

二、肉牛场场区规划与建设

（一）肉牛场的分区规划

按养牛场经营方式和集约化程度，场内布局一般分 5 个区，管理区、辅助区、生产区、畜粪处理区、病牛隔离区。在进行场地规划时，应充分考虑未来的发展，在规划时留有余地，对生产区的规划更应注意。各区的位置要从人畜卫生防疫和工作方便的角度考虑，根据场地地势和当地全年主风向。

1. 管理区

管理区为全场生产指挥、对外联系等管理部门。管理区应设在生产区的上风处，并与生产区严格隔离。同时该区有时也是职工和家属常年生活和休息的场所。

2. 辅助区

辅助区为全场饲料调制、贮存、加工、设备维修等部门。辅助区可设在管理区与生产区之间，其面积可按要求来决定。

3. 生产区

生产区是牛场的核心区，是从事肉牛养殖的主要场所，包括饲料调制和贮存建筑物（青贮窖、干草棚等）。此区应设在牛场的中心地带。规划时考虑是从事肉牛育种、繁殖、幼畜培育到商品生产全过程，还是只从事肉牛生产的某一阶段或环节的生产，如繁殖或者育肥。

自繁自养牛场应将种畜(包括繁殖群)、幼畜与生产群(商品群)家畜分开,设在不同地段,分区饲养管理。通常将种公牛群、幼畜群设在防疫比较安全的上风处和地势较高处,然后依次为青年牛群生产(商品)群。

生产区内与饲料有关的建筑物,如饲料调制、贮存间和青贮窖,原则上应设在生产区上风处和地势较高处,同时要与各牛舍保持方便的联系。设置时还要考虑与饲料加工车间保持最方便的联系。青贮窖的位置要既便于青贮原料从场外运入,又要避免外面车辆进入生产区。

由于防火的需要,干草和垫草的堆放场所必须设在生产区的下风向,并与其他建筑物保持 60 m 的防火间距。由于卫生防护的需要,干草和垫草的堆放场所不但应与堆粪场、病牛隔离舍保持一定的卫生间距,而且要考虑避免场外运送干草、垫草的车辆进入生产区。

4. 粪污处理区

粪污处理要设在生产区的下风处和地势较低处,并尽可能远离牛舍。

5. 病牛隔离区

病牛隔离区必须远离生产区,四周砌围墙,设单独的通道和出入口,出入口建消毒池、专用粪尿池,严格控制病牛与外界接触,以免病原体扩散。

(二)肉牛场的建设

肉牛养殖场的牛舍建筑,要根据各地全年的气温变化和牛的品种、用途、性别、年龄而确定。建牛舍要因陋就简,就地取材,经济实用，还要符合兽医卫生要求，做到科学合理。

1. 牛舍建筑的要求

牛舍内应干燥，冬季能保温。要求墙壁、天棚等结构的导热性小，耐热，防潮。牛舍内要有一定数量和大小的窗户，以保证太阳光线直接射入和散射光线射入。牛舍地面应保温，不透水，不滑。要求供水充足，污水、粪尿能排净，舍内清洁卫生，空气新鲜。安置肉牛和饲养人员的舍房要合理，以便于正常工作。依照不同用途和条件建辅助性房舍，如饲料库、饲料调制室、青饲料贮藏室、青贮设备室等；还应按照牛的饲养头数建兽医室、隔离室或人工授精室。

2. 牛舍类型

肉牛舍较简单，分为牛栏舍、牛棚舍等。北方的肉牛舍，要求能保暖、防寒；南方要求通风、防暑。

（1）牛栏舍。牛舍宽 12.2 m，长可视养牛数量和地势而定。北方寒冷，牛栏舍可采用封闭式的。

（2）肉牛棚。此种牛棚结构简单，造价低，适于冬季不太寒冷的南方各省。棚舍宽度为 11 m，最少不低于 8 m。棚舍长度则以牛的数量而定。

（3）塑料棚舍。在北方气候寒冷的冬、春季，可利用塑料薄膜暖棚养牛，不仅保温好，而且造价低，投资少，是一项适用成熟的技术，适于广大农、牧户，尤其是冬、春季进行短期肥育的养牛户采用。棚舍一般坐北朝南，偏东一定的角度为好。屋顶斜面与水平地面的夹角应大于当地冬至时的太阳高度角，使进入舍内的入射角增大，有利于采光。塑料薄膜覆盖暖棚的扣棚时间一般在 11 月中旬以后，具体时间应根据当地、当时的气候情况而定。扣棚时，将标准的塑料膜或黏接好的塑料膜卷好，从偏的上方或一侧向下方或另一侧轻轻覆盖。为了保温和保护前沿墙，覆盖膜应将前沿墙全部包过去，固定在距前墙外侧 10 cm 处的地面上。棚膜上面用竹片或木条（加保护层）压紧，四周用泥或水泥固定。对于较为寒冷的地方，塑料薄膜要深入冻层之下或设防冻层。

（三）场内道路规划

场内道路应尽可能短而直，以缩短运输线路；主干道路应与场外运输线路连接，其宽度应能保证顺利错车，为 5.5~6.5 m。支干道与畜舍、饲料库、产品库、贮粪场等连接，宽度一般为 2.0~3.5 m；生产区的道路应区分为运送产品、饲料的净道和转群、运送粪污、病畜、死畜的污道。从卫生防疫角度考虑，要求净道和污道不能混用或交叉；路面要坚实，并做成中间高两边低的弧度，以利排水；道路两侧应设排水明沟，植树。

（四）场内建筑物布局

1. 布局原则

各建筑物在功能关系上应建立最佳联系；在保障卫生防疫、防火、采光、通风的前提下，要有一定的卫生间隔，供电、供水、饲料运送等路线应尽量缩短；功能相同的建筑物应尽量靠近集中。

2. 布局要求

牛舍应平行整齐排列，两墙之间距离不少于 15 m，配置牛舍及其他房舍时，应考虑便于给料、给草、运牛、运奶和运粪以及适应机械化操作的要求。数栋牛舍排列时，每栋前后距离应视饲养头数所占运动场面积大小来确定。车库、料库、饲料加工应设在场门两侧，以方便出入。兽医室、病牛舍建于其他建筑物的下风向。青贮窖、干草棚建于安全卫生、取用方便之处。粪尿，污水池应建于场外下风向。各类建筑物配置要遵守卫生及防火要求：宿舍距离牛舍应在 50 m 以上；牛舍之间应间隔 60 m（不少于 30 m）。

3. 牛舍布局

（1）建筑物的排列：牛场建筑物通常应设计为东西成排、南北成列，尽量做到整齐、紧凑、美观。生产区内牛舍的布置，应根据场地形状、牛舍的数量和长度，酌情布置为单列、双列或多列。要尽量避免横向狭长或竖向狭长的布局，因为狭长形布局势必加大饲料粪污运输距离，使管理和生产联系不便，也使各种管线距离加大，建筑投资加大，生产区应采取方形或近似方形的布局。

（2）建筑物的位置：确定每栋建筑物和每种设施的位置时，主要根据它们之间的功能联系和卫生防疫要求加以考虑。应将相互联系密切的建筑物和设施就近设置，以便于生产联系。饲料调制、贮存间和贮粪场等与每栋牛舍都发生密切联系，应尽量使其至各栋牛舍的直线距离最短，同时要考虑净道和污道分开布置及其他卫生防疫要求。

卫生防疫方面考虑，应根据场地地势和当地全年主风向布置各种建筑物，地势与主风向相一致时较易设置，若二者正好相反时则可利用与主风向垂直的对角线上两“安全角”来安置防疫要求较高的建筑物。例如，主风为西北风而地势南高北低时，则场地的西南角和东北角均为安全角。

（3）建筑物的朝向：畜舍建筑物的朝向关系到舍内的采光和通风状况。我国夏季盛行东南风，冬季盛行西北风。因此，肉牛舍宜采取南向，这样的朝向，冬季可增加射入舍内的直射阳光，有利于提高舍温；而夏季可减少舍内的直射阳光，以防止强烈的太阳辐射影响肉牛。同时，这样的朝向也有利于减少冬季冷风渗入和增加夏季舍内通风量。朝向还可根据当地的地形条件和气候特点,采取南偏东或偏西15°以内配置。

(4)建筑物的间距:相邻两栋建筑物纵墙之间的距离称为间距。确定畜舍间距主要从日照、通风、防疫、防火和节约用地等多方面综合考虑。间距大,前排畜舍不致影响后排光照,并有利于通风排污、防疫和防火,但势必增加牧场的占地面积。因此,必须根据当地气候、纬度、场区地形、地势等情况,酌情确定畜舍适宜的间距。在我国绝大部分地区,间距保持檐高的3~4倍时,可满足冬至日9:00~15:00南向畜舍的南墙满日照。纬度更高的地区,可酌情加大间距。根据通风要求确定舍间距时,应使下风向的牛舍不处于相邻上风向牛舍的涡风区内,这样,既不影响下风向牛舍的通风,又可使其免遭上风向牛舍排出的污浊空气的污染,有利于卫生防疫。

(五)运动场的设置

肉牛每日定时到舍外运动,可促进机体的各种生理机能,增强体质,提高抗病力。舍外运动能改善种公牛的精液品质,提高母畜受胎率,促进胎儿的正常发育,减少难产。因此,给家畜设置运动场是完全必要的。

1. 位置

运动场应设置在向阳背风的地方,一般是利用畜舍间距,也可在畜舍两侧分别设置。如受地形限制,也可设在场内比较开阔的地方,但不宜距畜舍太远。

2. 条件

运动场要平坦,稍有坡度(1%~3%),以利于排水和保持干燥。其四周应设置围栏或墙。为了防止夏季烈日暴晒,应在运动场内设置遮阴棚或种植遮阴树木。运动场围栏外侧应设置排水沟。

3. 高度及面积

围栏或墙高度，成乳牛、青年牛 1.4~1.6 m，犊牛 1.2~1.4 m，种公牛 2.0~2.5 m。运动场面积一般按每头牛所占舍内平均面积的 3~5 倍计算，成乳牛 20 m^2，青年牛 15 m^2，犊牛 5~8 m^2，种公牛 15~25 m^2。

三、肉牛场的防疫与预防疾病的卫生管理措施

（一）肉牛场的防疫措施

1. 肉牛场区四周设围墙和防疫沟

肉牛场区四周应建设较高的围墙和坚固的防疫沟，以防止场外人员及其他动物进入场区。为了更有效地切断外界污染因素，必要时可往沟内放水。场区的这种防护必须严密，使外来人员、车辆只能从牧场大门口进入场区。

2. 生产区与管理区设围墙

生产区与管理区之间应用较小的围墙隔离防止外来人员、车辆随意出入生产区。生产区与病畜隔离区之间也应设隔离屏障，如围墙、防疫沟、栅栏或隔离林带。

3. 肉牛场大门及入口处设消毒设施

在肉牛场大门（设在管理区）。生产区入口处和各畜舍入口处，应设相应的消毒设施。如车辆消毒池、喷雾消毒室、更衣间、淋浴间等，对进入场区的车辆、人员进行严格消毒。车辆消毒池设在牛场大门和生产区入口，深度一般 20 cm，长度应能保证大型拖拉机后车轮在消毒液中至少转 1 周。在生产区和牛舍入口处，还需设紫外线消毒室，对进入人员衣服表面进行消毒，要求安全消

毒时间为 3~5 min。

(二)肉牛场预防疾病的卫生管理措施

1. 建立完善的防疫机制和制度

按照卫生防疫要求,根据肉牛场实际,制订完善的卫生防疫制度,建立健全包括肉牛日常管理、环境清洁消毒、废弃物及病死牛处理以及计划免疫等在内的各项规章制度。

2. 做好各项卫生管理工作

(1)确保肉牛生产环境卫生状况良好:牛舍应及时清扫、洗刷;应及时清除粪便和排出污水;应加强通风换气,保持良好的空气卫生状况;应保证地面、墙壁、舍内设施及用具的清洁卫生;确保饮水卫生;应定期对牛场环境、牛舍及用具进行消毒;应对粪便和污水进行无害化处理;妥善处理肉牛尸体及其他废弃物,防止疾病传播。

(2)防止人员和车辆流动传播疾病:肉牛场应尽量谢绝外来人员参观,减少外来人员进入生产区。必须进入肉牛场的外来人员要按照畜牛卫生防疫要求,经严格消毒后才可进入生产区。场内工作人员必须严格遵守各项卫生工作制度，每次进入生产区前,必须在生产区更衣室更换消毒过的专用工作衣、帽、鞋,经过消毒后才可进入生产区。工作人员在上班期间不可串岗、串舍。工作人员必须进入其他生产小区或牛舍时,进出均需消毒。场内领导和技术人员因工作需要需进入各生产小区时，应按幼小畜禽、种畜、生产群的顺序进行，并应在进入各小区或牛舍前更衣、消毒。生产区内专用的工作服严禁穿、带出区外。

(3)严防饲料霉变或掺入有毒有害物质:应认真做好饲料质量监控工作,确保饲料质量安全、可靠,符合卫生标准。应严格检验饲料原料，防止被农药、工业“三废”和病原微生物等污染的原料以及有毒原料和霉变原料进入生产过程，应做好饲料的贮藏和运输工作，确保饲料不发生霉变和不混入有毒有害物质。

（4）做好肉牛防寒防暑工作：环境过冷或过热，都可对畜禽健康产生危害，直接或间接诱发多种疾病。做好牛舍冬季防寒工作和夏季防暑工作，对于提高肉牛机体抵抗力，减少疾病发生具有重要意义。

3. 加强卫生防疫工作

（1）做好计划免疫工作：免疫是预防家畜传染病最为有效的途径。肉牛场应根据本地区肉牛疾病的发生情况、疫苗的供应条件、气候条件及其他有关因素和牛群抗体检测结果，制订本场肉牛群免疫接种程序，并按计划及时接种疫苗进行免疫，减少传染病的发生。

（2）严格消毒：按照卫生管理制度，严格执行各种消毒措施。为了便于防疫和切断疾病传播途径，肉牛场应尽量采用“全进全出”的生产工艺，即同一栋畜舍肉牛同期进场，同期出栏。出栏后对牛舍、用具、场地等进行全面的清洁和彻底消毒，并经过一定的闲置期后（2 周以上），再接纳下一批肉牛。

（3）隔离：对肉牛场内出现的病牛，尤其是确诊为患传染性疾病或不能排除患传染病可能的病牛应及时隔离，进行治疗或按兽医卫生要求及时妥善处理。由场外引入的肉牛，应首先隔离饲养，隔离期一般为 2~3 周，经检疫确定健康无病后方可进入畜舍。

（4）检疫：对于引进的肉牛，必须进行严格的检疫，只有确定无疾病和不携带病原后，才可进入肉牛场；对于要出售的肉牛及牛肉产品，必须进行严格检疫，杜绝疫病扩散。

第十章　肉牛场粪污处理及资源化利用技术

一、畜禽粪污土地承载力测算

（一）测算原则

畜禽粪污土地承载力及规模养殖场配套土地面积测算以粪肥氮养分供给和植物氮养分需求为基础进行核算，对于设施蔬菜等作物为主或土壤本底值磷含量较高的特殊区域或农用地，可选择以磷为基础进行测算。畜禽粪肥养分需求量根据土壤肥力、作物类型和产量、粪肥施用比例等确定。畜禽粪肥养分供给量根据畜禽养殖量、粪污养分产生量、粪污收集处理方式等确定。

（二）区域畜禽粪污土地承载力测算方法

1. 区域内土地可承载的粪肥氮（磷）总量

（1）根据作物种类、产量，计算区域内所有作物需氮（磷）总量。

（2）根据土壤肥力，确定作物需氮（磷）总量中需要施肥供给的比例。

（3）根据区域内作物生产中粪肥养分投入占总施肥养分投入的比例，以及粪肥中的氮（磷）当季利用率系数，计算该区域内土地可承载来自粪肥供给的氮（磷）总量。

（4）土地承载力核算以畜禽粪肥氮养分供给和植物氮养分需求为基础进行核算，对于设施蔬菜等作物为主或土壤本底值磷含量较高的特殊区域或农用地，应以磷为基础进行测算。

2. 区域内畜禽粪污氮(磷)养分供给量

(1)根据养殖畜禽种类和存栏量,通过粪便排泄的氮(磷)排泄系数,计算各类畜禽通过粪便排泄的氮(磷)总量。

(2)根据各畜禽粪污的收集方式、处置工艺等数据参数,计算各类畜禽粪污中实际可利用的氮(磷)量。

(3)根据各畜禽粪污中实际可利用的氮(磷)总量,求和得出区域内所有畜禽粪污中实际可供给的氮(磷)总量。

3. 单位猪当量粪肥养分供给量

(1)以猪当量作为衡量畜禽氮(磷)排泄量的度量单位,1 头猪为 1 个猪当量。1 个猪当量的氮排泄量为 11 kg，磷排泄量为 1.65 kg。按存栏量折算:100 头猪相当于 15 头奶牛、30 头肉牛、250 只羊、2 500 只家禽。计算获得区域以猪当量计总的存栏量。

(2)将计算得到的区域内畜禽粪污氮(磷)养分供给总量除以该区域以猪当量计总的存栏量，获得单位猪当量的粪肥养分供给量。

4. 区域内土地畜禽粪污承载力评估

(1)将区域内可承载的土地粪肥氮(磷)总量除以单位猪当量的粪肥养分供给量,计算获得理论上该区域最大养殖量。

(2)将该区域内折算成猪当量计的实际养殖量与理论养殖量(以猪当量计)进行比较,当前者大于后者时,表示该区域畜禽粪污量超载,反之,则不超载。

(三)规模化养殖场配套土地面积测算方法

1. 养殖场畜禽粪污氮(磷)实际就地可利用量

(1)根据养殖场饲养畜禽种类、各阶段动物的平均存栏量,通过分阶段的粪便排泄的氮(磷)排泄系数,计算养殖场通过粪便排泄的氮(磷)总量。

(2)根据养殖场不同饲养阶段动物粪便的收集方式、粪污处置工艺等参数,计算养殖场可利用的氮(磷)量。

(3)根据养殖场处理的粪便作为肥料等资源化利用方式向外销售的比例,计算获得养殖场畜禽粪污氮(磷)实际就地可利用量。

2. 作物单位耕地可接受的粪肥氮(磷)养分量

(1)根据配套土地上作物种类和预期的产量计算,单位面积土地作物需氮(磷)总量。

(2)根据配套土地的土壤养分状况,确定作物养分需要量中由施肥供给的占比。

(3)根据农田生产中粪肥投入占施肥养分投入的比例,并结合(1)(2)的结果计算某种作物单位面积耕地可接受的粪肥氮(磷)养分量。

3. 养殖场配套土地面积承载力系数

根据上述计算获得的养殖场就地利用的畜禽粪便氮(磷)某种作物的单位面积耕地可接受的粪肥氮(磷)养分量,换算得出种植该种作物需要配套的农田面积,并与实际面积进行比较。如果前者小于后者,说明养殖场面积足够;反之,则说明养殖场养殖量超载。

二、牛场粪污的清理与收集方法

目前适合牛场粪便清理与收集的方式主要有干清粪、刮板清粪和水冲清粪等。

(一)干清粪

操作过程噪音大对畜禽易产生应激影响,一般只适用于大型规模养牛场使用。干清粪是粪便一经产生就将粪和尿等废水分离并分别清除的清粪方式。干清粪方式可以降低粪水中污染物浓度，最大限度保存固体干粪肥效，减轻粪便后端处理和利用压力。干清粪一般分为人工清粪和机械清粪两种。人工干清粪是利用铁锹、铲板、扫帚和推车等工具将粪便从舍内清运到集粪池存放待用；其优点是投资低、简单灵活、易操作，缺点是工人劳动强度大、工作环境差、清粪效率低，适用于小规模畜禽养殖场。机械干清粪是定期或不定期用铲粪车或吸粪车将栏舍粪便铲（吸）运送到贮粪点存放待用；其优点是劳动强度小、操作灵活方便、提高工作效率，但对栏舍设计要求较高，需要设计机车铲粪专用通道，栏舍建设投资及机车购置维护费用较大。

（二）刮板清粪

牵引刮板机械一般包括主机、滑动支架和粪便刮板 3 部分。栏舍的外面需要配套集粪池等设施，集粪池容积大小要根据每天刮出的粪便量及停留时间长短来确定。刮板清粪系统在不影响牛正常生产活动的情况下，通过多次清理牛舍过道中的粪便来保持牛舍清洁，具有操作简单、使用方便、安全可靠、清粪频率可调、运行噪音低、对畜禽影响低，极大地减小了劳动强度等优点。但设备初期投资相对较大，要求设备防腐蚀性强，需要后期维护，适用于非发酵床养殖的畜禽养殖场。当冬季气温较低时，由铲车清粪替代，也可适当缩短刮板的行程或增加地板加热系统。

（三）水冲清粪

水冲清粪方式是用水将舍内粪便冲到排污沟，再由排污沟将粪便输送至贮存池，进行固液分离，固体干粪进行堆肥或牛床垫料等利用，液体粪水进行沼气或多级净化等深度无害化处理后，回用冲洗圈舍。在环境温度不低于-4℃、牛舍地面坡度 0.75%~3%时，可采用水冲式粪便收集系统。水冲清粪方式需要的人力少、清粪效率高、能保证舍内的清洁卫生，但产生粪水量大、北方冬季易出现粪水冰冻情况，且后续污水处理难度明显增加，主要适用于大型规模牛场使用。

三、牛场粪污的运输与贮存技术

由于不同养殖场的养殖规模、清粪方式、处理工艺及利用模式等情况不同，采取的废弃物运输和储存方式等差异较大。

（一）废弃物的运输

按照防疫的要求，粪污处理厂应与养殖场之间有一定距离，但距离过远会导致粪污运输成本增加，且运输过程中存在一定污染风险。一般采用重力自流、机力转运或泵送的转运方式。机力转运时建议采用粪污专用密闭式运输车。

（二）废弃物的贮存

1. 堆粪场

堆粪场适用于干清粪或固液分离处理后的固态粪便的贮存。24 月龄以下的肉牛排粪量一般为 15~20 kg/(头·d)，24 月龄以上的肉牛排粪量一般为 20~25 kg/(头·d)。堆粪场的大小根据养殖场规模和粪便的贮存时间而定，一般建造在畜禽场的下风向，远离畜禽舍，多建在地上，且具有防渗功能，顶部设置遮雨棚，防止雨水进入。

2. 贮存池

根据远期规划合理选择建造粪水贮存设施，同时远离各类功能地表水体，并设在常年主导风向的下风向或侧风向处，距离各类功能地表水源不得小于 400 m。按照《畜禽粪便贮存设施设计要求》(GB/T 27622—2011)中的要求计算设施容积,按照《给水排水工程构筑物结构设计规范》(GB 50069—2002)进行结构设计,同时做好防腐防渗工作。

四、粪污资源化利用技术

(一)需氧堆肥技术

1. 需氧堆肥影响因素

好氧堆肥是一个微生态系统不断地进行物理、化学、生物反应的复杂过程。影响堆肥进程的因素主要是:温度、水分含量、pH、供氧量、碳氮比、有机物含量、初始物料颗粒大小等。通过对以上因素进行合理的调控，可以提高好氧堆肥效率和改善堆肥质量。

(1)温度:温度能够显著地影响堆肥系统中微生物活动,决定堆肥的反应速率。堆肥发酵的过程中，堆体温度应控制在 45~50℃之间，既有利于微生物的繁殖又能保证显著的生物多样性。55~65℃部分有益微生物会被抑制或者被杀死，在此温度区间会对微生物的生长产生抑制作用。当温度超过 65℃时,有机物会被过度消耗,使堆肥产品的质量大幅度降低。

(2)pH:可以作为评价微生物生长环境的参数。一般认为堆肥最适宜的 pH 在 6.0~9.0 之间。pH 过高或过低对微生物生长和繁殖不利,导致堆肥反应进行缓慢,产品质量降低。

(3)水分:水分含量是影响堆肥的另一个重要的因素。水分的作用是溶解有机物供微生物作为营养吸收,使微生物正常地进行新陈代谢,另外能够调节堆肥温度。适当的水分含量决定着堆肥能否顺利进行。过低的水分抑制微生物的生长,水分过高又影响通风供氧,降低生物氧气利用率,延长堆肥周期。一般认为初始含水率50%~60%最有利于微生物生长,降至20%~30%时表明该肥料的腐熟度达到标准。

(4)通风供氧:氧气是堆料中好氧微生物生长的必要条件,同时也是微生物高效活动的必需物质。通风的目的是提高堆体中的含氧量,以供给微生物进行正常的新陈代谢,并且可以通过气体交换适当降低堆体的温度,防止养分流失;同时避免有益微生物生长被抑制现象的发生。

(5)碳氮比:堆料中适当的碳氮比是微生物生长以及保持较高代谢速率的保证,而氮源是菌体蛋白质合成的必要成分。C/N比变化直接影响堆料中有机物分解速率,一般认为物料的C/N在20~30比较合适。C/N过低,氮元素不能被充分利用,便会转化为氨气的形式挥发。不仅会散发出毒害气体,还会导致氮流失,降低堆肥的质量;反之,若C/N过高,微生物则必须进行多次代谢循环氧化掉过量的碳,消耗大量时间,从而会降低到堆肥腐熟速度。

(6)有机质含量:有机质是堆肥微生物生存和繁殖的物质来源,并提供微生物进行生理活动所需的能量,满足微生物能够正常进行新陈代谢,保持生命的延续。一般认为有机质含量变化在20%~80%范围内有利于堆肥发酵,超出或低于此范围都会阻碍堆肥进程。

2. 需氧堆肥工艺

现代化堆肥生产通常由前(预)处理、主发酵(一次发酵)、后发酵(二次发酵)、后处理、脱臭及贮存等工序组成。

(1)前处理:采取破碎、分选等预处理方法去除粗大垃圾和降低不可堆肥化合物质含量，并使堆肥物料粒度和含水率达到一定程度的均匀化。因为要考虑到保持一定程度的孔隙率与透气性能，以便均匀充分地通风供氧，适宜的粒径范围是 12~60 mm，最佳粒径需视物料物理性质而定。当以畜禽粪便为主要原料时，由于其含水率太高等原因，前处理的主要任务是调整水分和 C/N 比，有时需添加菌种和酶制剂，以促进发酵过程正常进行。

（2）主发酵（一次发酵）：主发酵可在露天或发酵仓内进行，通过强制通风或翻堆搅拌来供给氧气。在露天堆肥或发酵装置内堆肥时，由于原料和土壤中存在微生物作用而开始发酵。首先是易分解物质分解，产生二氧化碳和水，同时产生热量，使堆温上升，这些微生物吸取有机物的碳氮营养成分。在细菌自身繁殖的同时，将细胞中吸收的物质分解而产生热量。发酵初期物质的分解作用是靠中温菌（生长繁殖最适温度范围为 30~40℃）进行的。随着堆温的升高，最适温度范围 45~65℃的嗜热菌取代了中温菌。在此温度下，各种病原菌均可被杀死。通常将温度升高到开始降低为止的阶段，称为主发酵期，一般来说主发酵期为 4~12 d。

（3）后发酵（二次发酵）：将主发酵尚未分解的易分解和较难分解的有机物进一步分解，使之变成腐殖酸、氨基酸等较稳定的有机物，得到完全成熟的堆肥制品。也称为熟化阶段，堆肥过程的腐熟阶段，发酵时间通常在 20~30 d。

（4）后处理：后处理主要去除杂质（塑料、玻璃、石块等）和进行必要的破碎处理。

（5）脱臭：堆肥化工艺过程中，每个工序系统有臭气产生，主要有氨气、硫化氢、甲基硫醇、胺类等，必须进行脱臭处理。去除臭气的方法主要有化学除臭剂除臭；水、酸、碱水溶液等吸收剂吸收法;臭氧氧化法;活性炭、沸石、熟堆肥等吸附剂等吸附法等。

(6)贮存:堆肥一般在春秋两季使用,夏冬两季生产的堆肥只能贮存,所以要建立可贮存 6 个月生产量的库房。贮存方式可直接堆存在二次发酵仓中或袋装,要求干燥而透气。

3. 需氧堆肥主要技术

(1)搅拌翻堆条垛式发酵技术:将堆肥物料以条垛式条堆状堆置,在好氧条件下进行发酵。垛的断面可以是梯形、不规则四边形或三角形。条垛式堆肥的特点是通过定期翻堆来实现堆体中的有氧状态。条垛式堆肥一次发酵周期为 1~3 个月。该堆肥过程由预处理、建堆、翻堆和贮存 4 个工序组成。主要技术环节有以下几点:

①堆肥发酵场地:一般对堆肥发酵场地有如下要求。

A. 空间:应足够大。

B. 场地表面:必须坚固和有坡度。当采用坚硬的材料(如道路沥青和混凝土)时,场地表面坡度不小于 1%;当采用不够坚硬的材料(如砾石和炉渣)时,其坡度应不小于 2%。

C. 渗滤液收集和排除系统:至少包括排水沟和贮水池。面积大于 20 000 m^2 的场地或雨量多的地区都必须建贮水池,用以收集堆肥渗滤液和雨水。

D. 其他设施:屋顶、挡风墙。

②建堆要求

A. 建堆方法:无添加物,直接建堆;有添加物,根据掺入和混合方式有:采用一层垃圾一层添加物的方法建堆,其混合靠翻堆来完成;垃圾和添加物从公共出口排出,边混合边建堆。

B. 建堆的形状:主要取决于气候条件和翻堆设备的类型,圆锥形或采用平顶长堆。

C. 建堆的尺寸：条剁系统适宜规模参数为：底宽 2~6 m，高 1~3 m，长度不限，最常见的尺寸为底宽 3~5 m，高 2~3 m，其断面大多为三角形。最佳尺寸根据气候条件、翻堆使用设备、堆肥原料的性质而定。

③翻堆要求

A. 翻堆方式：人工或机械方法进行物料的翻转和重堆。

B. 翻堆次数：取决于堆体中的耗氧量，在初期应高于后期；并根据腐熟程度、翻堆设备类型、防臭味产生、占地空间的需求及经济因素等变化；有时通过翻堆来促进水分蒸发和物料松散。设计和配置翻堆设备时，应保证 1 天 1 次的翻堆能力。

C. 翻堆设备：最初是推土机（摊开和重堆）和装载机（装入料斗，在行进中倾倒下来），因使物料受到一定程度的压实而被逐渐淘汰。目前，国外常用的是带齿滚筒翻堆设备，通过带齿滚筒就地搅混完成物料翻堆，或在翻转、搅混物料的同时将物料移至附近重堆。

④效果评价

A. 优点：所需设备简单，投资相对较低；翻堆使堆肥易于干燥，填充剂易于筛分和回用；产品的稳定性相对较好。

B. 缺点：占地面积大；堆腐周期长；需要大量的翻堆机械和人力；需要更频繁的监测，才能保证通气和温度要求；翻堆会造成臭味的散发，影响周围环境；运行操作受气候影响大，雨季会破坏堆体结构，冬季则使堆体热量大量散失、温度降低。

（2）强制通风静态垛发酵技术

①在条垛式堆肥系统上增加通风系统，就成为强制通风静态垛系统。它能更有效地确保高温和病原菌灭活。

②场地：场地的表面应结实、能迅速排走积水和渗滤液。

③通风系统:包括鼓风机和通风管路。

A. 通风管路: 固定式通风系统的管路放于水泥沟槽中或平铺在水泥地面上,上铺木屑、刨花等空隙率较大的填充料,以便均匀布气;或完全靠水泥沟槽充当通风管路。移动式通风系统主要由简单的管道直接放在地面上构成,成本低,设计灵活,易于调整。

B. 通风方式:正压鼓风机或负压抽气,也可用二者组成的混合通风。

C. 通风的控制方式:一般常用温度或时间控制。在堆体中安装温度反馈系统,堆体内部温度超过 60℃时,鼓风机自动开始工作,排出堆料热量和水蒸气,使堆体冷却下来。也可每隔 15~20 min(具体时间根据实际情况确定)通风供氧。

④堆肥物料的特性

A. 形状:物料呈粒状,松散状;

B. 尺寸:应均匀,一般为 1.25 cm 左右;

C. 含水率:物料含水率应控制在 55%左右,以避免物料空隙容积减少甚至压实。

⑤效果评价:设备投资相对较低;与条垛式堆肥系统相比,温度及通风条件得到更好的控制;堆肥时间相对较短,一般为 2~3

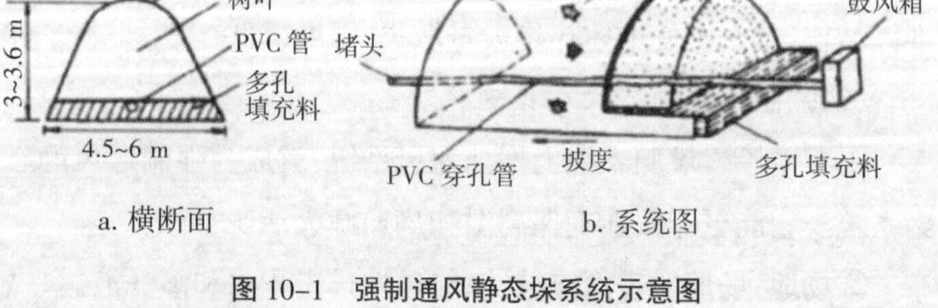

图 10-1 强制通风静态垛系统示意图

周;产品稳定性好,能更有效地杀灭病原菌及控制臭味;占地也较少;受寒冷气候的影响较小。

(3)反应器堆肥技术:反应器堆肥技术是使堆肥物料在部分或全部密闭的反应器即发酵装置(如发酵仓、发酵塔等)内,控制通风和水分条件,使物料进行生物降解和转化,也称发酵仓系统。特点:在一个或几个容器内进行,机械化和自动化程度较高。堆肥基本步骤与其他两类系统相同。

①主要类型

A. 立式发酵塔(见图 10-2):由多层平面构成。进料口在反应器的上部,物料先进入第一层,然后一层层被向下推移。在各层之间可以有不同的时间停留,通过搅拌使堆料均匀,最后堆料进入最底层,从出料口运走。整个堆腐过程中进料和出料是连续的。通气管道位于反应器的下部,由许多支管组成,外连鼓风机。在反应器的上部设有废气口,产生的臭气可以统一收集处理。

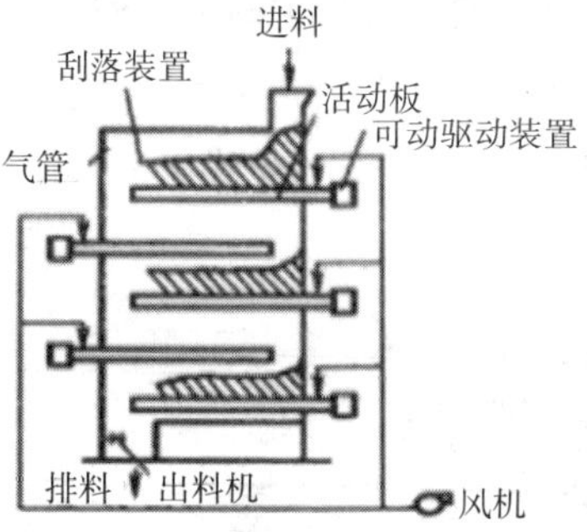

a. 移动床式

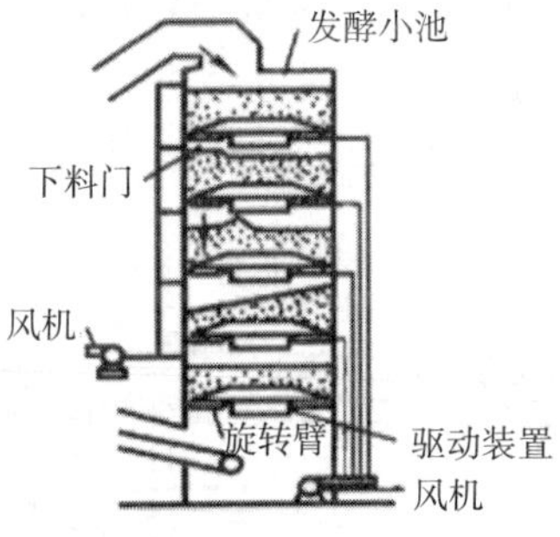

b. 板闭合门式

图 10-2　立式发酵塔结构示意图

B. 包裹仓式(见图 10-3):混匀的物料从发酵仓顶部进入并充满反应器,占据整个发酵仓。具有分支管路的通气管道在发酵仓底部,废气由反应器上部的废气管道排出,出口略低于混合物的上表面,通过抽气的方式把废气收集处理。进料和出料可以是间歇的或连续式的。产品由反应器的下部出口运走,物料在反应器的移动以推流式方式进行。

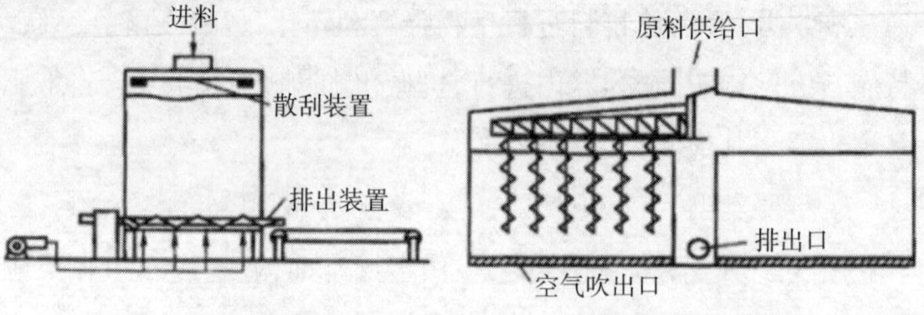

a. 简仓式静态发酵仓　　b. 简仓式动态发酵仓

图 10-3　简仓式发酵仓结构示意图

C. 旋转仓式(见图 10-4):根据物料在反应器内的移动方式又分为推流式和分割式。推流式:物料从仓体的进料口进入,沿仓体移动到反应器末端的出料口,物料通过发酵仓的旋转翻滚而达到混合。空气可以采用正压和负压方式通过流程中的一系列喷口进行分配,通过对温度的监测来调节堆肥过程中的通气量。这是迄今为止最普遍被采用的发酵仓系统。

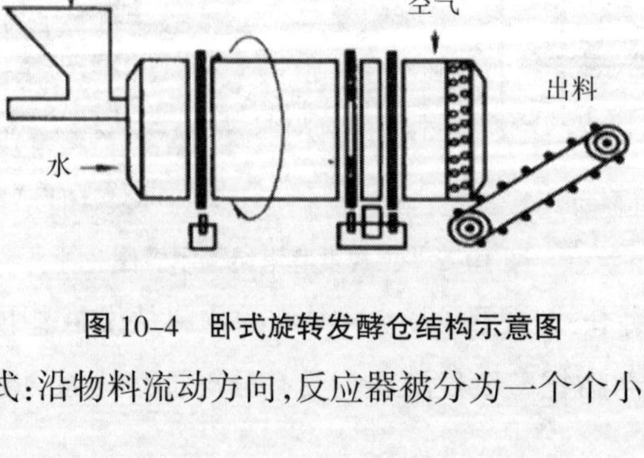

图 10-4　卧式旋转发酵仓结构示意图

分割式:沿物料流动方向,反应器被分为一个个小室,在不同的室内,物料可以进行不同时间、不同堆腐条件的堆腐,物料从一室移入另一个室,最后进入出料口被移走。物料的移动通过一条条传送带进行。在每个小室中,物料通过旋转破碎机械设备而破碎混合。

②效果评价

A. 优点:设备占地面积小;能进行很好的过程控制;堆肥过程不受气候条件的影响;可对废气进行统一收集处理,防止环境的二次污染;可对热量进行回收利用。

B. 缺点:堆肥的投资和运行、维护费用很高;堆肥周期较短,堆肥产品会有潜在的不稳定性,堆肥的后熟期相对延长;由于机械化程度高,一旦设备出现问题,堆肥过程即受影响。

4. 评价堆肥腐熟的指标

(1)物理分析法

①温度:堆肥过程中温度变化可以很好地反映微生物活性的变化,当温度降低时,说明微生物的代谢活动减弱甚至死亡;当温度升高时,则微生物生长旺盛,代谢活动增强。同时温度的变化与堆料中有机质的含量也呈正相关。当堆体温度与环境温度趋于一致时,表明有机质分解接近完全。

②气味:一般在堆肥初期会有刺鼻的氨臭或其他恶臭产生,随着堆肥的进行,这种气味逐渐减弱并在堆肥结束后消失。

③颜色:一般来说,未腐熟的堆料颜色变化不大,随着堆肥的进行堆料颜色逐渐变深,直至腐熟后堆肥产品一般呈现黑色或黑褐色,同时在表面会发现一些霉菌。当然,堆肥原料的颜色会影响堆肥产品的颜色,所以建立判别堆肥腐熟程度的统一色度标准目前还有一定难度。

④残余浊度和水电导率：电导率反映了发酵物浸提液中的可溶性盐的含量，即离子总浓度。郭春铭等研究不同微生物菌剂对生猪养殖垫料废弃物与稻草高温好氧发酵堆肥的影响，结果表明，添加微生物菌剂堆肥处理的电导率（EC）比不添加微生物菌剂的常规堆肥处理提前达到最大值，且添加微生物菌剂堆肥处理的电导率（EC）下降最快。

（2）化学分析法

①碳氮比（C/N）：C/N 是评价堆肥腐熟度最直观的化学指标，一般认为堆肥过程中微生物生长的最适 C/N 为 16。多余的碳素会经过微生物的代谢循环活动转变成 CO_2。当堆体中的 C/N 从最初的 30:1 降到 15:1~20:1 时，可以初步判定堆肥达到腐熟。

②氮化合物：氨态氮（NH^{4+}–N）、硝态氮（NO_3–N）及亚硝态氮（NO_2–N）浓度的变化，也可以作为参数来评价堆肥的腐熟度。相关研究表明，当堆肥中的总氮含量超过堆体干重的 0.6%、有机氮达 90%以上、NH^{4+}–N 含量小于 0.04%时，可以认为堆肥达到腐熟。

③有机质：微生物以易降解的有机质作为能源利用，有机质含量变化的水平可以作为衡量堆肥腐熟程度的指标。堆肥初期微生物首先分解结构简单的有机质；随着高温期的到来，微生物迅速生长繁殖，快速降解较复杂的有机物（如纤维素、半纤维素和木质素等），至堆肥结束时，有机物大部分被降解而趋于一个较低的稳定值。

④腐殖质：堆料在堆肥过程中通过腐殖化作用产生胡敏酸、富里酸等相关组分，这些物质在很大程度上影响着腐殖质的质量，一般认为胡敏酸和富里酸比值代表堆肥的腐殖化程度。

（3）生物学指标

①呼吸作用：通常以堆肥中微生物吸收 O_2 和释放 CO_2 的强度来判断微生物代谢活动的程度及堆肥的稳定性。Epstein 提出当堆肥释放的 CO_2（C）在 5 mg/g 以下时，堆肥达到相对稳定。

②种子发芽率：植物毒性直观地反映了堆肥腐熟质量，通过种子发芽指数的测定又可以衡量植物毒性。未腐熟的堆料中含有低分子有机酸、尿酸、氨态氮和病虫卵等多种抑制植物生长的毒性物质。这些物质会对植物产生一定的毒害作用，而完全腐熟的堆肥可以作为肥料促进植物的生长。

（二）厌氧发酵技术

1. 厌氧发酵的影响因素

（1）严格的厌氧环境：厌氧发酵是一个微生物学的过程，在发酵过程中，产甲烷菌显著的特点是必须在严格的厌氧条件下生存和繁殖，有机物被微生物分解成简单的有机酸等物质。产酸阶段的不产甲烷微生物大多数是兼性或专性厌氧菌，把复杂的有机物分解成简单的有机酸等；而产气阶段的产甲烷细菌是严格的专性厌氧菌，少量的氧气就会对其具有毒害作用，培养中要求氧化还原电位在 330 mV 以下。因此，厌氧发酵是必须创造严格的厌氧环境条件。在厌氧发酵的过程中，不产甲烷菌中有好氧菌、专性厌氧菌和兼性厌氧菌，这些菌落构成了一个复杂的生态系统。因此，游离态氧对产甲烷菌的毒害就不像纯培养厌氧菌那样严重。发酵罐中原来存在有空气以及装料时带入的一些空气对厌氧发酵的危害并不大，没有必要采取特殊措施除去。只要发酵罐不漏气，投料时带入的氧气会很快被一些好氧或兼性厌氧菌消耗掉，为产甲烷菌创造一个良好的厌氧环境。

(2)适宜的温度条件:厌氧发酵可在较为广泛的温度范围内进行,一般来讲,在4~65℃范围内都能进行。温度与厌氧发酵是有密切关系的。国内外许多学者曾系统研究了温度对厌氧发酵产生沼气量的影响,发现升高温度可以促进产气,但是不是线性关系。研究发现温度在37℃左右和52℃左右有2个产气高峰,所以工艺上常依照此划分为低、中、高3种厌氧发酵方式。不同温度下发酵,消化器中优势菌落是不同的。

(3)营养和原料浓度:充足的发酵原料是厌氧发酵正常进行的物质基础。各种微生物在整个生命活动过程中,不断从环境中吸收营养物质,为菌体的生长和代谢提供必要的能量和营养物质;同时,在降解有机物质的过程中形成许多中间代谢产物。C、N、P三大元素是构成微生物细胞必不可少的三大物质。微生物可利用的碳源和氮源是非常广泛的,但是不同微生物所需的营养成分是不同的,如产甲烷菌只能利用一碳类简单有机物作碳源,才能形成甲烷。氮源方面只能利用氨态氮,而不能利用复杂的有机氮化合物,如蛋白质等。大分子有机物质必须先经过不产甲烷微生物的分解作用,才能进一步被产甲烷菌利用。从化学分析角度来说,因为牛粪中含有丰富的营养物质,所以是厌氧发酵的良好基质。从工艺上讲,原料浓度是重要的运行参数之一。进料浓度多少首先要满足微生物生长需要,但是负荷不能超出最大处理能力,否则会造成有机酸积累,抑制厌氧发酵的正常进行。

(4)适宜的酸碱度:厌氧发酵若要正常进行需要有适宜的酸碱度。pH是厌氧发酵过程中的一个重要控制参数,一般认为,厌氧发酵的pH应控制在6.5~7.5,可以得到最佳产气量。实际上厌氧发酵可以在更为广泛的范围内生长和代谢,pH在6~8都能发酵。超出这个范围,会因过酸或过碱使开始产气的时间持续得很长,导致产气量很少,甚至不产气。厌氧发酵中的 pH 是体系中 CO_2、H_2S 等在气液两相间的溶解平衡、液相内的酸碱平衡以及固液相间的溶解平衡等综合结果,而这些与消化器内所发生的生化反应直接相关。在正常的情况下,厌氧发酵过程中的 pH 变化是一个自然平衡过程,系统有自我调节的能力,一般无需进行随时调节。畜禽粪便中含有调节 pH 的缓冲物质,如蛋白质等,在一般发酵过程中不用调节 pH,无论进料液的 pH 的大小如何,最终出液 pH 会保持在中性。

(5)搅拌:搅拌是促进厌氧发酵所不可缺少的,有效的搅拌可以增加物料与微生物接触的机会;使系统内的物料和温度均匀分布;防止局部出现酸积累;使生物反应生成的硫化氢、甲烷等对厌氧菌活动有阻害的气体迅速排出;使产生的浮渣被充分破碎。对于流体或半流体的基质,可采取泵循环、机械搅拌、气体搅拌等 3 种搅拌方式。

(6)接种物:厌氧发酵中菌种数量的多少和质量的优劣直接影响厌氧发酵进行的好坏。加入接种物可以促使优良菌种在消化器中迅速富集,从而加快生化反应速度。在工艺中,常常加入接种物来缩短启动时间。可利用的接种物来源非常广泛,畜禽粪便和废水、污泥以及产气正常的厌氧发酵残留物都可以作为接种物。接种应该遵循一定原则,比如在工业废水处理中可以加入生活废水作为接种物,在补充养分的同时,又可助于菌种发生有利的变异。另外,中温发酵要使用中温发酵的菌群接种,高温发酵必须使用高温发酵的菌群,否则,不能达到预期的效果。这是因为不同温度条件下的优势菌落具有不同的生理特性。

2. 厌氧发酵的过程

在沼气发酵过程中,有发酵性细菌,产氢产乙酸菌、耗氧产乙酸菌、食氢产甲烷菌、食乙酸产甲烷菌等五大类微生物参加沼气发酵,它们在发酵过程中的作用及对生存条件的要求,有以下 3 个阶段。

(1)液化阶段:在沼气发酵中首先是发酵性细菌群利用它所分泌的胞外酶,如纤维酶、淀粉酶、蛋白酶和脂肪酶等,对有机物进行体外酶解,也就是把禽畜粪便、作物秸秆、豆制品加工后的废水等大分子有机物分解成能溶于水的单糖、氨基酸、甘油和脂肪酸等小分子化合物。这个阶段叫液化阶段。

(2)产酸阶段:这个阶段是 3 个细菌群体的联合作用,先由发酵性细菌将液化阶段产生的小分子化合物吸收进细胞内,并将其分解为乙酸、丙酸、丁酸、氢和一氧化碳等,再由产氢产乙酸菌把发酵性细菌产生的丙酸、丁酸转化为产甲烷菌可利用的乙酸、氢和一氧化碳。另外还有耗氧产乙酸菌群,这种细菌群体利用氧和一氧化碳生成乙酸,还能代谢糖类产生乙酸,它们能转变多种有机物为乙酸。液化阶段和产酸阶段是一个连续过程,统称不产甲烷阶段,在这个过程中,不产甲烷的细菌种类繁多、数量巨大,它们主要的作用是为产甲烷菌提供营养和为产甲烷菌创造适宜的厌氧条件,消除部分毒物。

(3)产甲烷阶段:在此阶段中,产甲烷细菌群,可以分为产氢产甲烷菌和产乙酸产甲烷菌两大类群,已研究过的就有 70 多种产甲烷菌,它们利用以上不产甲烷的 3 种菌群所分解转化的甲酸、乙酸、氢和一氧化碳小分子化合物等生成甲烷。

3. 常见典型固体废弃物厌氧发酵工艺

（1）美国实验工厂工艺：如图 10-5 所示是美国 1979 年建立的第一座年处理量 5 000 t 废弃物厂采用的工艺。该工艺在 55℃高温下处理固体含量为 25%的废弃物，废弃物平均产气量为130 m^3/t，甲烷含量大于 50%，固体去除率约为52%。

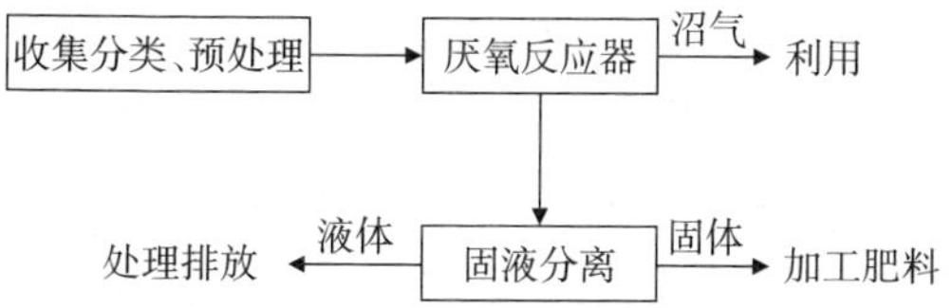

图 10-5　美国试验工厂工艺

（2）法国 Valorga 工艺：如图 10-6 所示，这种工艺采用渗滤液部分回流与沼气压缩相结合的技术，解决了固体废弃物厌氧发酵中存在的搅拌难、固体含量高抑制反应活性等问题，具有比较好的经济与环境效应。该工艺采用中温或高温消化，废弃物平均产气量 110 m^3/t，目前德国 Hanover 垃圾处理厂和意大利 Bassano 垃圾处理厂均采用该工艺处理固体废弃物。

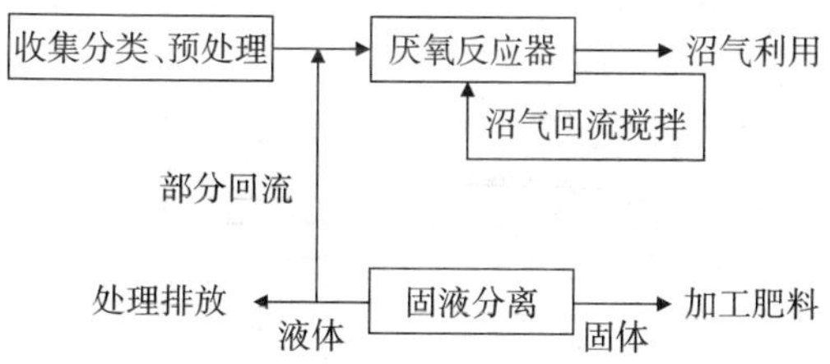

图 10-6　法国 Valorga 工艺

（3）丹麦 Carlbro 工艺：如图 10-7 所示，采用了两阶段消化，中温阶段发酵，废弃物平均产气量 150~175 m^3/t，挥发性固体（VS）去除率在 60%以上，丹麦 1991 年建立的第一座工业规模的城市垃圾厌氧处理厂年处理固体废弃物量 20 万 t。

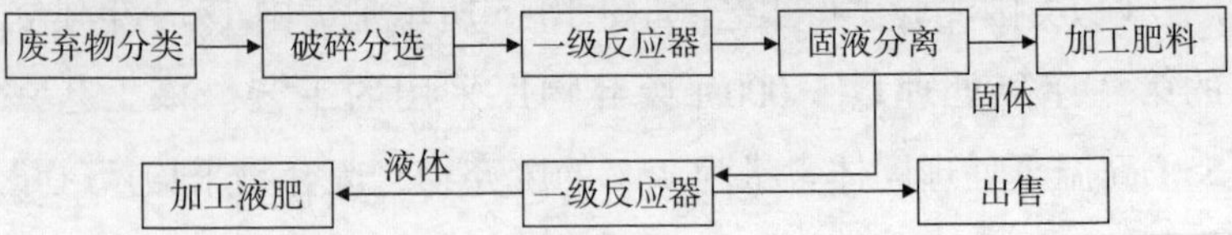

图 10-7　丹麦 Carlbro 工艺

(4)喷淋固体床两步消化工艺:如图 10-8 所示,喷淋固体床两步消化工艺采用 4 个 4 m^3 的固体床和 1 个 3 m^3 的上流式厌氧生物反应器(UASB)反应器。4 个固体床每隔 20 d 循环启动,每天用上流式厌氧生物反应器(UASB)出水喷淋固体床洗出酸液,再将酸液泵入上流式厌氧生物反应器(UASB)进行甲烷化发酵产生沼气。固体床产酸期为 20 d,平均产气率 0.22 m^3/kg 物料浓度(TS),固体床经 80 d 发酵后原料体积减小近 70%。该工艺既解决了固体有机废弃物进出厌氧消化器的困难,又防止了干发酵工艺可能出现的酸化现象。

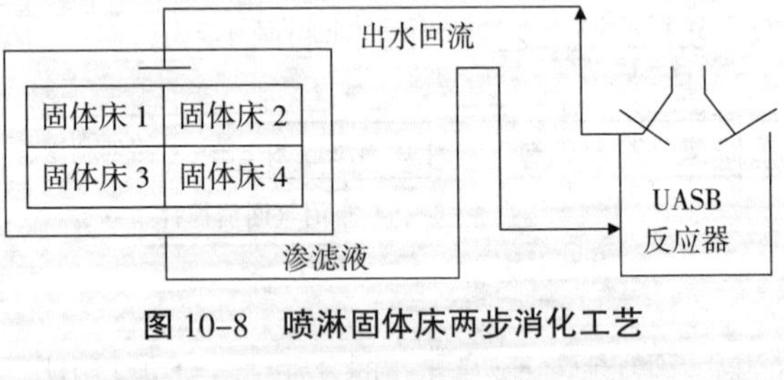

图 10-8　喷淋固体床两步消化工艺

五、常见的肉牛粪污无害化处理与资源化利用技术模式

按照全国畜禽粪污资源化利用整县推进项目工作方案(2018—2020 年),全国畜牧总站总结提炼出种养结合、清洁回用及达标排放 3 个方面 9 种畜禽粪污资源化利用主推技术模式。

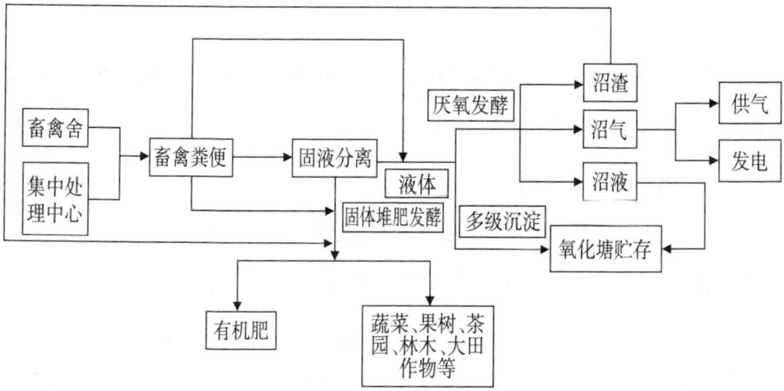

图 10-9 种养结合模式

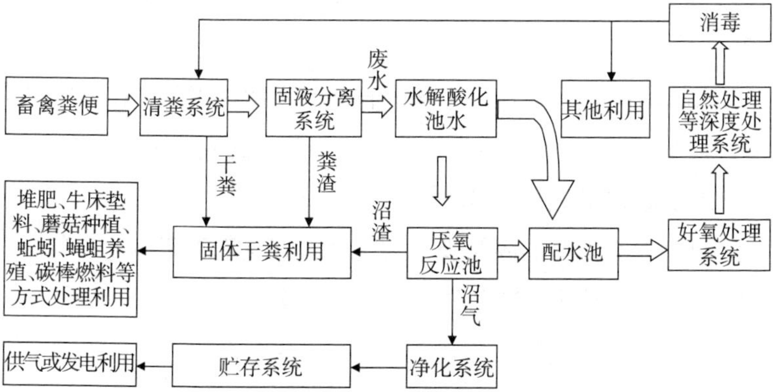

图 10-10 清洁回用模式

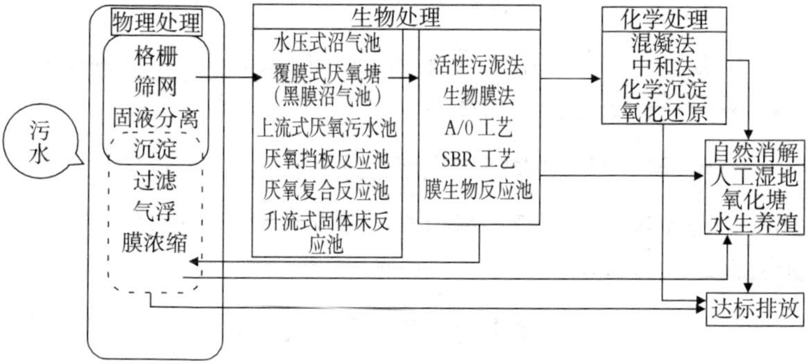

图 10-11 达标排放模式

1. 粪污全量还田模式

对养殖场产生的粪便、粪水和污水集中收集，全部进入氧化塘贮存，氧化塘分为敞开式和覆膜式两类，粪污通过氧化塘贮存进行无害化处理，在施肥季节进行农田利用。

（1）主要优点：粪污收集、处理、贮存设施建设成本低，处理利用费用也较低；粪便、粪水和污水全量收集，养分利用率高。

（2）主要不足：粪污贮存周期一般要达到半年以上，需要足够的土地建设氧化塘贮存设施；施肥期较集中，需配套专业化的搅拌设备、施肥机械、农田施用管网等；粪污长距离运输费用高，只能在一定范围内施用。

（3）适用范围：适用于牛场的自动刮粪回冲工艺，粪污的总固体含量小于 15%；需要与粪污养分量相配套的农田。

2. 粪便堆肥利用模式

以规模养殖场的固体粪便为主，经好氧堆肥无害化处理后，就地农田利用或生产有机肥。

（1）主要优点：好氧发酵温度高，粪便无害化处理较彻底，发酵周期短；堆肥处理提高粪便的附加值。

（2）主要不足：好氧堆肥过程易产生大量的臭气。

（3）适用范围：适用于只有固体粪便、无污水产生的养殖场。

3. 粪水肥料化利用模式

养殖场产生的粪水经氧化塘处理贮存后，在农田需肥和灌溉期间，将无害化处理的粪水与灌溉用水按照一定的比例混合，进行水肥一体化施用。

（1）主要优点：粪水进行氧化塘无害化处理后，为农田提供有机肥水资源，解决粪水处理压力。

(2)主要不足:要有一定容积的贮存设施,周边配套一定农田面积;需配套建设粪水输送管网或购置粪水运输车辆。

(3)适用范围:适用于周围配套有一定面积农田的畜禽养殖场,在农田作物灌溉施肥期间进行水肥一体化施用。

4. 粪污能源化利用模式

以专业生产可再生能源为主要目的,依托专门的畜禽粪污处理企业,收集周边养殖场粪便和粪水,投资建设大型沼气工程,进行厌氧发酵,沼气发电上网或提纯生物天然气,沼渣生产有机肥农田利用,沼液农田利用或深度处理达标排放。

(1)主要优点:对养殖场的粪便和粪水集中统一处理,减少小规模养殖场粪污处理设施的投资;专业化运行,能源化利用效率高。

(2)主要不足:一次性投资大;能源产品利用难度大;沼液产生量大集中,处理成本较高,需配套后续处理利用工艺。

(3)适用范围:适用于大型规模养殖场或养殖密集区,具备沼气发电上网或生物天然气进入管网条件,需要地方政府配套政策予以保障。

5. 粪便基质化利用模式

以畜禽粪污、菌渣及农作物秸秆等为原料,进行堆肥发酵,生产基质盘和基质土应用于栽培果菜。

(1)主要优点:畜禽粪污、食用菌废弃菌渣、农作物秸秆三者结合,科学循环利用,实现农业生产链零废弃、零污染的生态循环生产,形成一个有机循环农业综合经济体系,提高资源综合利用率。

(2)主要不足:生产链较长,精细化技术程度高,要求生产者的整体素质高,培训期实习期较长。

(3)适用范围:该模式既适用大中型生态农业企业,又适合小型农村家庭生态农场,同时适合小型农村家庭农场分工、联合经营。

6. 粪便垫料化利用模式

基于牛粪便纤维素含量高、质地松软的特点,将牛粪污固液分离后,固体粪便进行好氧发酵无害化处理后回用作为牛床垫料,污水贮存后作为肥料进行农田利用。

(1)主要优点:牛粪替代沙子和土作为垫料,减少粪污后续处理难度。

(2)主要不足:作为垫料如无害化处理不彻底,可能存在一定的生物安全风险。

(3)适用范围:适用于规模化牛场。

7. 粪便饲料化利用模式

畜禽养殖过程中的干清粪与蚯蚓、蝇蛆及黑水虻等动物蛋白进行堆肥发酵,生产有机肥用于农业种植,发酵后的蚯蚓、蝇蛆及黑水虻等动物蛋白用于制作饲料等。

(1)主要优点:改变了传统利用微生物进行粪便处理的理念,可以实现集约化管理,成本低、资源化效率高,无二次排放及污染,实现生态养殖。

(2)主要不足:动物蛋白饲料温度、湿度、养殖环境的透气性要求高,要防止鸟类等天敌的偷食。

(3)适用范围:适用于远离城镇,养殖场有闲置地,周边有农田,农副产品较丰富的中、大规模养殖场。

8. 粪便燃料化利用模式

畜禽粪便经过搅拌后脱水加工，进行挤压造粒，生产生物质燃料棒。

（1）主要优点：畜禽粪便制成生物质环保燃料，作为替代燃煤生产用燃料，成本比燃煤价格低，减少二氧化碳和二氧化硫排放量。

（2）主要不足：粪便脱水干燥能耗较高。

（3）适用范围：适用于城市和工业燃煤需求量较大的地区。

9. 粪水达标排放模式

养殖场产生的粪水进行厌氧发酵+好氧处理等组合工艺进行深度处理，粪水达到《畜禽养殖业污染物排放标准》（GB18596—2001，其中 COD<400 mg/L，NH_3-N<80 mg/L，TP<8 mg/L）或地方标准后直接排放，固体粪便进行堆肥发酵就近肥料化利用或委托他人进行集中处理。

（1）主要优点：粪水深度处理后，实现达标排放；不需要建设大型粪水贮存池，可减少粪污贮存设施的用地。

（2）主要不足：粪水处理成本高，大多养殖场难承受。

（3）适用范围：适用于养殖场周围没有配套农田的规模化牛场。

附件 1：肉牛常用粗饲料典型养分（见表 10-1）

附件 2：肉牛不同阶段营养需要（见表 10-2、表 10-3、表 10-4、表 10-5、表 10-6）

表 10-1　牛、羊常用粗饲料(青绿、青贮及粗饲料)的典型养分(干基)

序号	饲料原料	DM /%	NEm		NEg		NEL		CP /%	UIP /%	CF /%	ADF /%	NDF /%	eNDF /%	EE /%	ASH /%	Ca /%	P /%	K /%	Cl /%	S /%	Zn /(mg·kg⁻¹)
			MJ/kg	Mcal/kg	MJ/kg	Mcal/kg	MJ/kg	Mcal/kg														
1	全棉籽	91	8.83	2.11	6.02	1.44	8.16	1.95	23	38	29	39	47	100	17.8	4	0.14	0.64	1.1	0.06	0.24	34
2	棉籽壳	90	4.14	0.99	0.29	0.07	4.06	0.97	5	45	48	68	87	100	1.9	3	0.15	0.08	1.1	0.02	0.05	10
3	大豆秸秆	88	3.97	0.95	0.00	0.00	3.68	0.88	5	—	44	54	70	100	1.4	6	1.59	0.06	0.6	—	0.26	—
4	大豆壳	90	7.57	1.81	4.81	1.15	7.28	1.74	13	28	38	46	62	28	2.6	5	0.55	0.17	1.4	0.02	0.12	38
5	向日葵壳	90	3.89	0.93	0.00	0.00	3.51	0.84	4	65	52	63	73	90	2.2	3	0.00	0.11	0.2	—	0.19	200
6	花生壳	91	3.31	0.79	0.00	0.00	1.67	0.40	7	—	63	65	74	98	1.5	5	0.20	0.07	0.9	—	—	—
7	苜蓿块	91	5.27	1.26	2.30	0.55	5.27	1.26	18	30	29	36	46	40	2.0	11	1.30	0.23	1.9	0.37	0.33	20
8	鲜苜蓿	24	5.73	1.37	2.85	0.68	5.61	1.34	19	18	27	34	46	41	3.0	9	1.35	0.27	2.6	0.40	0.29	18
9	苜蓿干草，初花期	90	5.44	1.30	2.59	0.62	5.44	1.30	19	20	28	35	45	92	2.5	8	1.41	0.26	2.5	0.38	0.28	22
10	苜蓿干草，中花期	89	5.36	1.28	2.38	0.57	5.36	1.28	17	23	30	36	47	92	2.3	9	1.40	0.24	2.0	0.38	0.27	24

续表

序号	饲料原料	DM /%	NEm		NEg		NEL		CP /%	UIP /%	CF /%	ADF /%	NDF /%	eNDF /%	EE /%	ASH /%	Ca /%	P /%	K /%	Cl /%	S /%	Zn /(mg·kg⁻¹)
			MJ/kg	Mcal/kg	MJ/kg	Mcal/kg	MJ/kg	Mcal/kg														
11	苜蓿干草，盛花期	88	4.98	1.19	1.84	0.44	4.98	1.19	16	25	34	40	52	92	2.0	8	1.20	0.23	1.7	0.37	0.25	23
12	苜蓿干草，成熟期	88	4.60	1.10	1.09	0.26	4.52	1.08	13	30	38	45	59	92	1.3	8	1.18	0.19	1.5	0.35	0.21	23
13	苜蓿青贮	30	5.06	1.21	1.92	0.46	5.06	1.21	18	19	28	37	49	82	3.0	9	1.40	0.29	2.6	0.41	0.29	26
14	苜蓿叶粉	89	6.53	1.56	3.97	0.95	6.44	1.54	28	15	15	25	34	35	2.7	15	2.88	0.34	2.2	—	0.32	39
15	苜蓿茎	89	4.35	1.04	0.63	0.15	4.23	1.01	11	44	44	51	68	100	1.3	6	0.90	0.18	2.5	—	—	—
16	带穗玉米秸秆	80	6.07	1.45	3.39	0.81	6.07	1.45	9	45	25	29	48	100	2.4	7	0.50	0.25	0.9	0.20	0.14	—
17	玉米秸秆成熟期	80	5.15	1.23	2.13	0.51	5.15	1.23	5	30	35	44	70	100	1.3	7	0.35	0.19	1.1	0.30	0.14	22
18	玉米青贮，乳化期	26	6.07	1.45	3.39	0.81	6.07	1.45	8	18	26	32	54	60	2.8	6	0.40	0.27	1.6	—	0.11	20
19	玉米青贮，成熟期	34	6.90	1.65	4.35	1.04	6.82	1.63	8	28	21	27	46	70	3.1	5	0.28	0.23	1.1	0.20	0.12	22
20	甜玉米青贮	24	6.07	1.45	3.39	0.81	6.07	1.45	11	-	20	32	57	60	5.0	5	0.24	0.26	1.2	0.17	0.16	39

续表

序号	饲料原料	DM /%	NEm		NEg		NEL		CP /%	UIP /%	CF /%	ADF /%	NDF /%	eNDF /%	EE /%	ASH /%	Ca /%	P /%	K /%	Cl /%	S /%	Zn /(mg·kg⁻¹)
			MJ/kg	Mcal/kg	MJ/kg	Mcal/kg	MJ/kg	Mcal/kg														
21	玉米和玉米芯粉	87	8.20	1.96	5.44	1.30	7.82	1.87	9	52	9	10	26	56	3.7	2	0.06	0.28	0.5	0.05	0.13	16
22	玉米芯	90	4.44	1.06	0.84	0.20	4.35	1.04	3	70	36	39	88	56	0.5	2	0.12	0.04	0.8	—	0.40	5
23	大麦干草	90	5.27	1.26	2.30	0.55	5.27	1.26	9	—	28	37	65	98	2.1	8	0.30	0.28	1.6	—	0.19	25
24	大麦青贮，成熟期	35	5.36	1.28	2.38	0.57	5.36	1.28	12	25	30	34	50	61	3.5	9	0.30	0.20	1.5	—	0.15	25
25	大麦秸秆	90	4.06	0.97	0.00	0.00	3.89	0.93	4	70	42	52	78	100	1.9	7	0.33	0.08	2.1	0.67	0.16	7
26	小麦干草	90	5.27	1.26	2.30	0.55	5.27	1.26	9	25	29	38	66	98	2.0	8	0.21	0.22	1.4	0.50	0.19	23
27	小麦青贮	33	5.44	1.30	2.59	0.62	5.44	1.30	12	21	28	37	62	61	3.2	8	0.40	0.28	2.1	0.50	0.21	27
28	小麦秸秆	91	3.97	0.95	0.00	0.00	3.68	0.88	3	60	43	58	81	98	1.8	8	0.16	0.05	1.3	0.32	0.17	6
29	氨化麦秸	85	4.60	1.10	1.09	0.26	4.52	1.08	9	25	40	55	76	98	1.5	9	0.15	0.05	1.3	0.30	0.16	6
30	黑麦干草	90	5.36	1.28	2.38	0.57	5.36	1.28	10	30	33	38	65	98	3.3	8	0.45	0.30	2.2	—	0.18	27
31	黑麦草青贮	32	5.44	1.30	2.59	0.62	5.44	1.30	14	25	22	37	59	61	3.3	8	0.43	0.38	2.9	0.73	0.23	29

续表

序号	饲料原料	DM /%	NEm		NEg		NEL		CP /%	UIP /%	CF /%	ADF /%	NDF /%	eNDF /%	EE /%	ASH /%	Ca /%	P /%	K /%	Cl /%	S /%	Zn /(mg·kg⁻¹)
			MJ/kg	Mcal/kg	MJ/kg	Mcal/kg	MJ/kg	Mcal/kg														
32	黑麦秸秆	89	4.06	0.97	0.08	0.02	3.97	0.95	4	—	44	55	71	100	1.5	6	0.24	0.09	1.0	0.24	0.11	—
33	燕麦干草	90	4.98	1.19	1.84	0.44	4.98	1.19	10	25	31	39	63	98	2.3	8	0.40	0.27	1.6	0.42	0.21	28
34	燕麦青贮	35	5.52	1.32	2.76	0.66	5.52	1.32	12	21	31	39	59	61	3.2	10	0.34	0.30	2.4	0.50	0.25	27
35	燕麦秸秆	91	4.44	1.06	0.84	0.20	4.35	1.04	4	40	41	48	73	98	2.3	8	0.24	0.07	2.4	0.78	0.22	6
36	燕麦壳	93	3.89	0.93	0.00	0.00	3.51	0.84	4	25	32	40	75	90	1.5	7	0.16	0.15	0.6	0.08	0.14	31
37	高粱干草	87	5.06	1.21	1.92	0.46	5.06	1.21	5	—	33	41	65	100	1.9	10	0.49	0.12	1.2	—	—	—
38	高粱青贮	32	5.44	1.30	2.59	0.62	5.44	1.30	9	25	27	38	59	70	2.7	6	0.48	0.21	1.7	0.45	0.11	30
39	干甜菜渣	91	7.28	1.74	4.60	1.10	7.11	1.70	11	44	21	21	41	33	0.7	6	0.65	0.08	1.4	0.40	0.22	22
40	胡萝卜碎渣	14	5.82	1.39	3.05	0.73	5.82	1.39	6	—	19	23	40	0	7.8	9	—	—	—	—	—	—
41	鲜胡萝卜	12	8.28	1.98	5.52	1.32	7.91	1.89	10	—	9	11	20	0	1.4	10	0.60	0.30	2.4	0.5	0.17	—
42	胡萝卜缨/叶	16	7.11	1.70	4.44	1.06	6.90	1.65	13	—	18	23	45	41	3.8	15	1.94	0.19	1.9	—	—	—
43	牧草青贮	30	5.73	1.37	2.85	0.68	5.61	1.34	11	24	32	39	60	61	3.4	8	0.70	0.24	2.1	—	0.22	29

续表

序号	饲料原料	DM /%	NEm		NEg		NEL		CP /%	UIP /%	CF /%	ADF /%	NDF /%	eNDF /%	EE /%	ASH /%	Ca /%	P /%	K /%	Cl /%	S /%	Zn /(mg·kg⁻¹)
			MJ/kg	Mcal/kg	MJ/kg	Mcal/kg	MJ/kg	Mcal/kg														
44	草地干草	90	4.60	1.10	1.09	0.26	4.52	1.08	7	23	33	44	70	98	2.5	9	0.61	0.18	1.6	—	0.17	24
45	羊草	91	4.60	1.10	1.09	0.26	4.52	1.08	7	37	34	47	67	98	2.0	8	0.40	0.15	1.1	0.06	0.06	34
46	稻草	91	3.89	0.93	0.00	0.00	3.51	0.84	4	—	40	55	72	100	1.4	12	0.25	0.08	1.1	—	0.11	—
47	氨化稻草	87	4.14	0.99	0.29	0.07	4.06	0.97	9	—	39	53	68	100	1.3	12	0.25	0.08	1.1	—	0.11	—
48	甘蔗渣	91	3.60	0.86	0.00	0.00	3.14	0.75	1	—	49	59	86	100	0.7	3	0.90	0.29	0.5	—	0.10	—
49	菊芋茎秆,产地,廊坊	96	4.31	1.03	2.10	0.50	6.13	1.46	7	—	51	48	58	100	0.94	10	0.64	0.16	—	—	—	—
50	菊芋叶粉,产地,廊坊	92	6.67	1.59	1.83	0.44	5.62	1.34	19	—	23	22	45	0	3.64	17	0.76	0.25	—	—	—	—
51	菊芋全株,产地,廊坊	95	5.98	1.43	2.05	0.49	5.59	1.33	10	—	31	40	53	63	2.1	12	0.98	0.45	—	—	—	—

注:(1)DM 为原样干物质含量;NEm 为维持净能;NEg 为增重净能;NEL 为泌乳净能;CP 为粗蛋白质;UIP 为粗蛋白质中的过瘤胃蛋白比例;CF 为粗纤维;ADF 为酸性洗涤纤维;NDF 为中性洗涤纤维;eNDF 为有效 NDF;EE 为粗脂肪;ASH 为粗灰分;NFE 为无氮浸出物(DM−CP−CF−EE−Ash);Ca 为钙; P 为磷;K 为钾;Cl 为氯;S 为硫;Zn 为锌。表中数据除 DM 外,其他均以干物质为基础的含量。

(2)有关通过化学成分预测饲料能值(NEm,NEg,NEl)的计算公式:①%TDN=1.15×CP%+1.75×EE%+0.45×CF%+0.0085×NDF%2+0.25×NFE%−3.4;②NEL(MJ/kg)= 0.1025×TDN%−0.502;③DE(MJ/kg)=0.209×CP%+0.322×EE%+0.084×CF%+0.002×NFE%2+0.046×NFE%−0.627; ④NEm(MJ/kg)=0.655×DE(MJ/kg)−0.351;⑤NEg(MJ/kg)=0.815×DE(MJ/kg)−0.0497×DE2(MJ/kg)−1.187。

表 10-2　不同体重和日增重的肉牛综合净能需要的校正系数(F)

体重/kg	日增重/(kg·d^{-1})											
	0	0.3	0.4	0.5	0.6	0.7	0.8	0.9	1	1.1	1.2	1.3
150~200	0.850	0.96	0.965	0.970	0.975	0.978	0.988	1.000	1.020	1.040	0.060	0.080
225	0.864	0.974	0.979	0.984	0.989	0.992	1.002	1.014	1.034	1.054	1.074	1.094
250	0.877	0.987	0.992	0.997	1.002	1.005	1.015	1.027	1.047	1.067	1.087	1.107
275	0.891	1.001	1.006	1.011	1.016	1.019	1.029	1.041	1.061	1.081	1.101	1.121
300	0.904	1.014	1.002	1.024	1.029	1.032	1.042	1.054	1.074	1.094	1.114	1.134
325	0.910	1.020	1.025	1.030	1.035	1.038	1.048	1.060	1.080	1.100	1.120	1.140
350	0.915	1.025	1.030	1.035	1.040	1.043	1.053	1.065	1.085	1.105	1.125	1.145
375	0.921	1.031	1.036	1.041	1.046	1.049	1.059	1.071	1.091	1.111	1.131	1.151

表 10-3 生长育肥牛的每日营养需要量

LBW /kg	ADG /(kg·d⁻¹)	DMI /(kg·d⁻¹)	NEm /(MJ·d⁻¹)	NEg /(MJ·d⁻¹)	RND	NEmf /(MJ·d⁻¹)	CP /(g·d⁻¹)	IDCPm /(g·d⁻¹)	IDCPg /(g·d⁻¹)	IDCP /(g·d⁻¹)	钙 /(g·d⁻¹)	磷 /(g·d⁻¹)
150		2.66	13.80	0.00	1.46	11.76	236	158		158	5	5
	0.3	3.29	13.80	1.24	1.87	15.10	377	158	103	261	14	8
	0.4	3.49	13.80	1.71	1.97	15.90	421	158	136	294	17	9
	0.5	3.70	13.80	2.22	2.07	16.74	465	158	169	328	19	10
	0.6	3.91	13.80	2.76	2.19	17.66	507	158	202	360	22	11
	0.7	4.12	13.80	3.34	2.30	18.58	548	158	235	393	25	12
	0.8	4.33	13.80	3.97	2.45	19.75	589	158	267	425	28	13
	0.9	4.54	13.80	4.64	2.61	21.05	627	158	298	457	31	14
	1	4.75	13.80	5.38	2.80	22.64	665	158	329	487	34	15
	1.1	4.95	13.80	6.18	3.02	20.35	704	158	360	518	37	16
	1.2	5.16	13.80	7.06	3.25	26.28	739	158	389	547	40	16
175		2.98	15.49	0.00	1.63	13.18	265	178		178	6	6
	0.3	3.63	15.49	1.45	2.09	16.90	403	178	104	281	14	9

续表

LBW /kg	ADG /(kg·d⁻¹)	DMI /(kg·d⁻¹)	NEm /(MJ·d⁻¹)	NEg /(MJ·d⁻¹)	RND	NEmf /(MJ·d⁻¹)	CP /(g·d⁻¹)	IDCPm /(g·d⁻¹)	IDCPg /(g·d⁻¹)	IDCP /(g·d⁻¹)	钙 /(g·d⁻¹)	磷 /(g·d⁻¹)
175	0.4	3.85	15.49	2.00	2.20	17.78	447	178	138	315	17	9
	0.5	4.07	15.49	2.59	2.32	18.70	489	178	171	349	20	10
	0.6	4.29	15.49	3.22	2.44	19.71	530	178	204	382	23	11
	0.7	4.51	15.49	3.89	2.57	20.75	571	178	237	414	26	12
	0.8	4.72	15.49	4.63	2.79	22.05	609	178	269	446	28	13
	0.9	4.94	15.49	5.42	2.91	23.47	650	178	300	478	31	14
	1.0	5.16	15.49	6.28	3.12	25.23	686	178	331	508	34	15
	1.1	5.38	15.49	7.22	3.37	27.20	724	178	361	538	37	16
	1.2	5.59	15.49	8.24	3.63	29.29	759	178	390	567	40	17
200	0.3	3.98	17.12	1.66	2.32	18.70	428	196	105	301	15	9
	0.4	4.21	17.12	2.28	2.43	19.62	472	196	139	336	17	10
	0.5	4.44	17.12	2.95	2.56	20.67	514	196	173	369	20	11
	0.6	4.66	17.12	3.67	2.69	21.76	555	196	206	403	23	12

续表

LBW /kg	ADG /(kg·d^{-1})	DMI /(kg·d^{-1})	NEm /(MJ·d^{-1})	NEg /(MJ·d^{-1})	RND	NEmf /(MJ·d^{-1})	CP /(g·d^{-1})	IDCPm /(g·d^{-1})	IDCPg /(g·d^{-1})	IDCP /(g·d^{-1})	钙 /(g·d^{-1})	磷 /(g·d^{-1})
200	0.7	4.89	17.12	4.45	2.83	22.47	593	196	239	435	26	13
	0.8	5.12	17.12	5.29	3.01	24.31	631	196	271	467	29	14
	0.9	5.34	17.12	6.19	3.21	25.9	669	196	302	499	31	15
	1.0	5.57	17.12	7.17	3.45	27.82	708	196	333	529	34	16
	1.1	5.80	17.12	8.25	3.71	29.96	743	196	362	558	37	17
	1.2	6.03	17.12	9.42	4.00	32.30	778	196	391	587	40	17
225	0	3.60	18.71	0.00	1.87	15.10	320	214	0	214	7	7
	0.3	4.31	18.71	1.86	2.56	20.71	452	214	107	321	15	10
	0.4	4.55	18.71	2.57	2.69	21.76	494	214	141	356	18	11
	0.5	4.78	18.71	3.32	2.83	22.89	535	214	175	390	20	12
	0.6	5.02	18.71	4.13	2.98	24.10	576	214	209	423	23	13
	0.7	5.26	18.71	5.01	3.14	25.36	614	214	241	456	26	14
	0.8	5.49	18.71	5.95	3.33	26.90	652	214	273	488	29	14

续表

LBW /kg	ADG /(kg·d^{-1})	DMI /(kg·d^{-1})	NEm /(MJ·d^{-1})	NEg /(MJ·d^{-1})	RND	NEmf /(MJ·d^{-1})	CP /(g·d^{-1})	IDCPm /(g·d^{-1})	IDCPg /(g·d^{-1})	IDCP /(g·d^{-1})	钙 /(g·d^{-1})	磷 /(g·d^{-1})
225	0.9	5.73	18.71	6.97	3.55	28.66	691	214	304	519.0	31	15
	1.0	5.96	18.71	8.07	3.81	30.79	726	214	335	549.0	34	16
	1.1	6.20	18.71	9.28	4.10	33.10	761	214	364	578.0	37	17
	1.2	6.44	18.71	10.59	4.42	35.69	796	214	391	606.0	39	18
250	0	3.90	20.24	0.00	2.20	17.78	364	232	0	232.0	8	8
	0.3	4.64	20.24	2.07	2.81	22.72	475	232	108	340.0	16	11
	0.4	4.88	20.24	2.85	2.95	23.85	517	232	143	375.0	18	12
	0.5	5.13	20.24	3.69	3.11	25.10	558	232	177	409.0	21	12
	0.6	5.37	20.24	4.59	3.27	26.44	599	232	211	443.0	23	13
	0.7	5.62	20.24	5.56	3.45	27.82	637	232	244	475.9	26	14
	0.8	5.87	20.24	6.61	3.65	29.50	672	232	276	507.8	29	15
	0.9	6.11	20.24	7.74	3.89	31.38	711	232	307	538.8	31	16
	1.0	6.36	20.24	8.97	4.18	33.72	746	232	337	568.6	34	17

续表

LBW /kg	ADG /(kg·d⁻¹)	DMI /(kg·d⁻¹)	NEm /(MJ·d⁻¹)	NEg /(MJ·d⁻¹)	RND	NEmf /(MJ·d⁻¹)	CP /(g·d⁻¹)	IDCPm /(g·d⁻¹)	IDCPg /(g·d⁻¹)	IDCP /(g·d⁻¹)	钙 /(g·d⁻¹)	磷 /(g·d⁻¹)
250	1.1	6.60	20.24	10.31	4.49	36.28	781	232	365	597.2	36	18
	1.2	6.85	20.24	11.77	4.84	39.06	814	232	392	624.3	39	18
275	0.0	4.19	21.74	2.00	2.40	19.37	372	249	0	294.2	9	9
	0.3	4.96	21.74	2.28	3.07	24.77	501	249	110	359.0	16	12
	0.4	5.21	21.74	3.14	3.22	25.98	543	249	145	394.4	19	12
	0.5	5.47	21.74	4.06	3.39	27.36	581	249	180	429.0	21	13
	0.6	5.72	21.74	5.05	3.57	28.79	619	249	214	462.8	24	14
	0.7	5.98	21.74	6.12	3.75	30.92	657	249	247	495.8	26	15
	0.8	6.23	21.74	7.27	3.98	32.13	696	249	278	527.7	29	16
	0.9	6.49	21.74	8.51	4.23	34.18	731	249	309	558.5	31	16
	1.0	6.74	21.74	9.86	4.55	36.74	766	249	339	588.0	34	17
	1.1	7.00	21.74	11.34	4.98	39.50	798	249	367	616.0	36	18
	1.2	7.25	21.74	12.95	5.60	42.51	834	249	393	642.4	39	19

续表

LBW /kg	ADG /$(kg \cdot d^{-1})$	DMI /$(kg \cdot d^{-1})$	NEm /$(MJ \cdot d^{-1})$	NEg /$(MJ \cdot d^{-1})$	RND	NEmf /$(MJ \cdot d^{-1})$	CP /$(g \cdot d^{-1})$	IDCPm /$(g \cdot d^{-1})$	IDCPg /$(g \cdot d^{-1})$	IDCP /$(g \cdot d^{-1})$	钙 /$(g \cdot d^{-1})$	磷 /$(g \cdot d^{-1})$
300	0.0	4.46	23.21	0.00	2.60	21.00	397	266	0	266.0	10	10
	0.3	5.26	23.21	2.48	3.32	26.78	523	266	112	377.6	17	12
	0.4	5.53	23.21	3.42	3.48	28.12	565	266	147	413.4	19	13
	0.5	5.79	23.21	4.43	3.66	29.58	603	266	182	448.4	21	14
	0.6	6.06	23.21	5.51	3.86	31.13	641	266	216	482.4	24	15
	0.7	6.32	23.21	6.67	4.06	32.76	679	266	249	515.5	26	15
	0.8	6.58	23.21	7.93	4.31	34.77	715	266	281	547.4	29	16
	0.9	6.85	23.21	9.29	4.58	36.99	750	266	312	578.0	31	17
	1.0	7.11	23.21	10.76	4.92	39.71	785	266	341	607.1	34	18
	1.1	7.38	23.21	12.37	5.29	42.68	818	266	369	634.6	36	19
	1.2	7.64	23.21	14.12	5.69	45.98	850	266	394	660.0	38	19
325	0.0	4.75	24.65	0.00	2.78	22.43	421	282	0	282.4	11	11
	0.3	5.57	24.65	2.69	3.54	28.58	547	282	114	396.0	17	13

续表

LBW /kg	ADG /(kg·d⁻¹)	DMI /(kg·d⁻¹)	NEm /(MJ·d⁻¹)	NEg /(MJ·d⁻¹)	RND	NEmf /(MJ·d⁻¹)	CP /(g·d⁻¹)	IDCPm /(g·d⁻¹)	IDCPg /(g·d⁻¹)	IDCP /(g·d⁻¹)	钙 /(g·d⁻¹)	磷 /(g·d⁻¹)
325	0.4	5.84	24.65	3.71	3.72	30.04	586	282	150	432.3	19	14
	0.5	6.12	24.65	4.80	3.91	31.59	624	282	185	467.6	22	14
	0.6	6.39	24.65	5.97	4.12	33.26	662	282	219	501.9	24	15
	0.7	6.66	24.65	7.23	4.36	35.02	700	282	253	535.1	26	16
	0.8	6.94	24.65	8.59	4.60	37.15	736	282	284	566.9	29	17
	0.9	7.21	24.65	10.06	4.90	39.54	771	282	315	597.3	31	18
	1.0	7.49	24.65	11.66	5.25	42.43	803	282	344	626.1	33	18
	1.1	7.76	24.65	13.40	5.65	45.61	839	282	371	653.0	36	19
	1.2	8.03	24.65	15.30	6.08	49.12	868	282	395	677.8	38	20
350	0.0	5.02	26.06	0.00	2.95	23.85	445	299	0	298.6	12	12
	0.3	5.87	26.06	2.90	3.76	30.38	569	299	122	420.6	18	14
	0.4	6.15	26.06	3.99	3.95	31.92	607	299	161	459.4	20	14
	0.5	6.43	26.06	5.17	4.16	33.60	645	299	199	497.1	22	15

续表

LBW /kg	ADG /(kg·d^{-1})	DMI /(kg·d^{-1})	NEm /(MJ·d^{-1})	NEg /(MJ·d^{-1})	RND	NEmf /(MJ·d^{-1})	CP /(g·d^{-1})	IDCPm /(g·d^{-1})	IDCPg /(g·d^{-1})	IDCP /(g·d^{-1})	钙 /(g·d^{-1})	磷 /(g·d^{-1})
350	0.6	6.72	26.06	6.43	4.38	35.10	683	299	235	533.6	24	16
	0.7	7.00	26.06	7.79	4.61	37.24	719	299	270	568.7	27	17
	0.8	7.28	26.06	9.25	4.89	39.50	757	299	304	602.3	29	17
	0.9	7.57	26.06	10.83	5.21	42.05	789	299	336	634.1	31	18
	1.0	7.85	26.06	12.55	5.59	45.15	824	299	365	664.0	33	19
	1.1	8.13	26.06	14.43	6.01	48.53	857	299	393	691.7	36	20
	1.2	8.41	26.06	16.48	6.47	52.26	889	299	418	716.9	38	20
375	0.0	5.28	27.44	0.00	3.13	25.27	469	314	0	314.4	12	12
	0.3	6.16	27.44	3.10	3.99	32.22	593	314	119	433.5	18	14
	0.4	6.45	27.44	4.28	4.19	33.85	631	314	157	471.2	20	15
	0.5	6.74	27.44	5.54	4.41	35.61	669	314	193	507.7	22	16
	0.6	7.03	27.44	6.89	4.65	37.53	704	314	228	542.9	25	17
	0.7	7.32	27.44	8.34	4.89	39.50	743	314	262	576.6	27	17

续表

LBW /kg	ADG /(kg·d⁻¹)	DMI /(kg·d⁻¹)	NEm /(MJ·d⁻¹)	NEg /(MJ·d⁻¹)	RND	NEmf /(MJ·d⁻¹)	CP /(g·d⁻¹)	IDCPm /(g·d⁻¹)	IDCPg /(g·d⁻¹)	IDCP /(g·d⁻¹)	钙 /(g·d⁻¹)	磷 /(g·d⁻¹)
375	0.8	7.62	27.44	9.91	5.19	41.88	778	314	294	608.7	29	18
	0.9	7.91	27.44	11.61	5.52	44.6	810	314	324	638.9	31	19
	1.0	8.20	27.44	13.45	5.93	47.87	845	314	353	667.1	33	19
	1.1	8.49	27.44	15.46	6.26	50.54	878	314	378	692.9	35	20
	1.2	8.79	27.44	17.65	6.75	54.48	907	314	402	716.0	38	20
400	0.0	5.55	28.80	0.00	3.31	26.74	492	330	0	330.0	13	13
	0.3	6.45	28.80	3.31	4.22	34.06	613	330	116	446.2	19	15
	0.4	6.76	28.80	4.56	4.43	35.77	651	330	153	482.7	21	16
	0.5	7.06	28.80	5.91	4.66	37.66	689	330	188	518.0	23	17
	0.6	7.36	28.80	7.35	4.91	39.66	727	330	222	551.9	25	17
	0.7	7.66	28.80	8.90	5.17	41.76	763	330	254	584.3	27	18
	0.8	7.96	28.80	10.57	5.49	44.31	798	330	285	614.8	29	19
	0.9	8.26	28.80	12.38	5.64	47.15	830	330	313	643.5	31	19

续表

LBW /kg	ADG /(kg·d^{-1})	DMI /(kg·d^{-1})	NEm /(MJ·d^{-1})	NEg /(MJ·d^{-1})	RND	NEmf /(MJ·d^{-1})	CP /(g·d^{-1})	IDCPm /(g·d^{-1})	IDCPg /(g·d^{-1})	IDCP /(g·d^{-1})	钙 /(g·d^{-1})	磷 /(g·d^{-1})
400	1.0	8.56	28.8	14.35	6.27	50.63	866	330	340	669.9	33	20
	1.1	8.87	28.8	16.49	6.74	54.43	895	330	364	693.8	35	21
	1.2	9.17	28.8	18.83	7.26	58.66	927	330	385	714.8	37	21
425	0.0	5.80	30.14	0.00	3.48	28.08	515	345	0	360.5	14	14
	0.3	6.73	30.14	3.52	4.43	35.77	636	345	113	458.6	19	16
	0.4	7.04	30.14	4.85	4.65	37.57	674	345	149	494.0	21	17
	0.5	7.35	30.14	6.28	4.90	39.54	712	345	183	528.1	23	17
	0.6	7.66	30.14	7.81	5.16	41.67	747	345	215	560.7	25	18
	0.7	7.97	30.14	9.45	5.44	43.89	783	345	246	591.7	27	18
	0.8	8.29	30.14	11.23	5.77	46.57	818	345	275	620.8	29	19
	0.9	8.60	30.14	13.15	6.14	49.58	850	345	302	647.8	31	20
	1.0	8.91	30.14	15.24	6.59	53.22	886	345	327	672.4	33	20
	1.1	9.22	30.14	17.52	7.09	57.24	918	345	349	694.4	35	21

续表

LBW /kg	ADG /($kg \cdot d^{-1}$)	DMI /($kg \cdot d^{-1}$)	NEm /($MJ \cdot d^{-1}$)	NEg /($MJ \cdot d^{-1}$)	RND	NEmf /($MJ \cdot d^{-1}$)	CP /($g \cdot d^{-1}$)	IDCPm /($g \cdot d^{-1}$)	IDCPg /($g \cdot d^{-1}$)	IDCP /($g \cdot d^{-1}$)	钙 /($g \cdot d^{-1}$)	磷 /($g \cdot d^{-1}$)
425	1.2	9.53	30.14	20.01	7.64	61.67	947	345	368	713.3	37	22
450	0.0	6.06	31.46	0.00	3.63	29.33	538	361	0	360.5	15	15
	0.3	7.02	31.46	3.72	4.63	37.41	659	361	110	470.7	20	17
	0.4	7.34	31.46	5.14	4.87	39.33	697	361	145	505.1	21	17
	0.5	7.66	31.46	6.65	5.12	41.38	732	361	177	538.0	23	18
	0.6	7.98	31.46	8.27	5.40	43.60	770	361	209	569.3	25	19
	0.7	8.30	31.46	10.01	5.69	45.94	806	361	238	598.9	27	19
	0.8	8.62	31.46	11.89	6.03	48.74	841	361	266	626.5	29	20
	0.9	8.94	31.46	13.93	6.43	51.92	873	361	291	651.8	31	20
	1.0	9.26	31.46	16.14	6.9	55.77	906	361	314	674.7	33	21
	1.1	9.58	31.46	18.55	7.42	59.96	938	361	334	694.8	35	22
	1.2	9.90	31.46	21.18	8	64.60	967	361	351	711.7	37	22
475	0.0	6.31	32.76	0.00	3.79	30.63	560	375	0	375.4	16	16

续表

LBW /kg	ADG /(kg·d⁻¹)	DMI /(kg·d⁻¹)	NEm /(MJ·d⁻¹)	NEg /(MJ·d⁻¹)	RND	NEmf /(MJ·d⁻¹)	CP /(g·d⁻¹)	IDCPm /(g·d⁻¹)	IDCPg /(g·d⁻¹)	IDCP /(g·d⁻¹)	钙 /(g·d⁻¹)	磷 /(g·d⁻¹)
475	0.3	7.3	32.76	3.93	4.84	39.08	681	375	107	482.7	20	17
	0.4	7.63	32.76	5.42	5.09	41.09	719	375	140	515.9	22	18
	0.5	7.96	32.76	7.01	5.35	43.26	754	375	172	547.6	24	19
	0.6	8.29	32.76	8.73	5.64	45.61	789	375	202	577.7	25	19
	0.7	8.61	32.76	10.57	5.94	48.03	825	375	230	605.8	27	20
	0.8	8.94	32.76	12.55	6.31	51	860	375	257	631.9	29	20
	0.9	9.27	32.76	14.70	6.72	54.31	892	375	280	655.7	31	21
	1.0	9.60	32.76	17.04	7.22	58.32	928	375	301	676.9	33	21
	1.1	9.93	32.76	19.58	7.77	62.76	957	375	320	695.0	35	22
	1.2	10.26	32.76	22.36	8.37	67.61	989	375	334	709.8	36	23
500	0.0	6.56	34.05	0.00	3.95	31.92	582	390	0	390.2	16	16
	0.3	7.58	34.05	4.14	5.04	40.71	700	390	104	494.5	21	18
	0.4	7.91	34.05	5.71	5.30	42.84	738	390	136	526.6	22	19

续表

LBW /kg	ADG /(kg·d⁻¹)	DMI /(kg·d⁻¹)	NEm /(MJ·d⁻¹)	NEg /(MJ·d⁻¹)	RND	NEmf /(MJ·d⁻¹)	CP /(g·d⁻¹)	IDCPm /(g·d⁻¹)	IDCPg /(g·d⁻¹)	IDCP /(g·d⁻¹)	钙 /(g·d⁻¹)	磷 /(g·d⁻¹)
500	0.5	8.25	34.05	7.38	5.58	45.10	776	390	167	557.1	24	19
	0.6	8.59	34.05	9.18	5.88	47.53	811	390	196	585.8	26	20
	0.7	8.93	34.05	11.12	6.20	50.08	847	390	222	612.6	27	20
	0.8	9.27	34.05	13.21	6.58	53.18	882	390	247	637.2	29	21
	0.9	9.61	34.05	15.48	7.01	56.65	912	390	269	659.4	31	21
	1.0	9.94	34.05	17.93	7.53	60.88	947	390	289	678.8	33	22
	1.1	10.28	34.05	20.61	8.10	65.48	979	390	305	695.0	34	23
	1.2	10.62	34.05	23.54	8.73	70.54	1011	390	318	707.7	36	23

表 10-4　生长母牛的每日营养需要量

LBW /kg	ADG /($kg \cdot d^{-1}$)	DMI /($kg \cdot d^{-1}$)	NEm /($MJ \cdot d^{-1}$)	NEg /($MJ \cdot d^{-1}$)	RND /($MJ \cdot d^{-1}$)	NEmf /($g \cdot d^{-1}$)	CP /($g \cdot d^{-1}$)	IDCPm /($g \cdot d^{-1}$)	IDCPg /($g \cdot d^{-1}$)	IDCP /($g \cdot d^{-1}$)	钙 /($g \cdot d^{-1}$)	磷 /($g \cdot d^{-1}$)
150	0.0	2.66	13.80	0.00	1.46	11.76	236	158	0	158	5	5
	0.3	3.29	13.80	1.37	1.90	15.31	377	158	101	259	13	8
	0.4	3.49	13.80	1.88	2.00	16.15	421	158	134	293	16	9
	0.5	3.70	13.80	2.44	2.11	17.07	465	158	167	325	19	10
	0.6	3.91	13.80	3.03	2.24	18.07	507	158	200	358	22	11
	0.7	4.12	13.80	3.67	2.36	19.08	548	158	231	390	25	11
	0.8	4.33	13.80	4.36	2.52	20.33	589	158	263	421	28	12
	0.9	4.54	13.80	5.11	2.69	21.76	627	158	294	452	31	13
	1.0	4.75	13.80	5.92	2.91	23.47	665	158	324	482	34	14
175	0.0	2.98	15.49	0.00	1.63	13.18	265	178	0	178	6	6
	0.3	3.63	15.49	1.59	2.12	17.15	403	178	102	280	14	8
	0.4	3.85	15.49	2.20	2.24	18.07	447	178	136	313	17	9
	0.5	4.07	15.49	2.84	2.37	19.12	489	178	169	346	19	10

续表

LBW /kg	ADG /(kg·d^{-1})	DMI /(kg·d^{-1})	NEm /(MJ·d^{-1})	NEg /(MJ·d^{-1})	RND /(MJ·d^{-1})	NEmf /(g·d^{-1})	CP /(g·d^{-1})	IDCPm /(g·d^{-1})	IDCPg /(g·d^{-1})	IDCP /(g·d^{-1})	钙 /(g·d^{-1})	磷 /(g·d^{-1})
175	0.6	4.29	15.49	3.54	2.50	20.21	530	178	201	378	22	11
	0.7	4.51	15.49	4.28	2.64	21.34	571	178	233	410	25	12
	0.8	4.72	15.49	5.09	2.81	22.72	609	178	264	442	28	13
	0.9	4.94	15.49	5.96	3.01	24.31	650	178	295	472	30	14
	1.0	5.16	15.49	6.91	3.24	26.19	686	178	324	502	33	15
200	0.0	3.30	17.12	0.00	1.8	14.56	293	196	0	196	7	7
	0.3	3.98	17.12	1.82	2.34	18.92	428	196	103	300	14	9
	0.4	4.21	17.12	2.51	2.47	19.46	472	196	137	333	17	10
	0.5	4.44	17.12	3.25	2.61	21.09	514	196	170	366	19	11
	0.6	4.66	17.12	4.04	2.76	22.30	555	196	202	399	22	12
	0.7	4.89	17.12	4.89	2.92	23.43	593	196	234	431	25	13
	0.8	5.12	17.12	5.82	3.10	25.06	631	196	265	462	28	14
	0.9	5.34	17.12	6.81	3.32	26.78	669	196	296	492	30	14

续表

LBW /kg	ADG /(kg·d⁻¹)	DMI /(kg·d⁻¹)	NEm /(MJ·d⁻¹)	NEg /(MJ·d⁻¹)	RND /(MJ·d⁻¹)	NEmf /(g·d⁻¹)	CP /(g·d⁻¹)	IDCPm /(g·d⁻¹)	IDCPg /(g·d⁻¹)	IDCP /(g·d⁻¹)	钙 /(g·d⁻¹)	磷 /(g·d⁻¹)
200	1.0	5.57	17.12	7.89	3.58	28.87	708	196	325	521	33	15
225	0.0	3.60	18.71	0.00	1.87	15.10	320	214	0	214	7	7
	0.3	4.31	18.71	2.05	2.60	20.71	452	214	105	319	15	10
	0.4	4.55	18.71	2.82	2.74	21.76	494	214	138	353	17	11
	0.5	4.78	18.71	3.66	2.89	22.89	535	214	172	386	20	12
	0.6	5.02	18.71	4.55	3.06	24.10	576	214	204	418	23	112
	0.7	5.26	18.71	5.51	3.22	25.36	614	214	236	450	25	13
	0.8	5.49	18.71	6.54	3.44	26.90	652	214	267	481	28	14
	0.9	5.73	18.71	7.66	3.67	29.62	691	214	297	511	30	15
	1.0	5.96	18.71	8.88	3.95	31.92	726	214	326	540	33	16
250	0.0	3.90	20.24	0.00	2.20	17.78	346	232	—	232	8	8
	0.3	4.64	20.24	2.28	2.84	22.97	475	232	106	338	15	11
	0.4	4.88	20.24	3.14	3.00	24.23	517	232	140	372	18	11

续表

LBW /kg	ADG /(kg·d⁻¹)	DMI /(kg·d⁻¹)	NEm /(MJ·d⁻¹)	NEg /(MJ·d⁻¹)	RND /(MJ·d⁻¹)	NEmf /(g·d⁻¹)	CP /(g·d⁻¹)	IDCPm /(g·d⁻¹)	IDCPg /(g·d⁻¹)	IDCP /(g·d⁻¹)	钙 /(g·d⁻¹)	磷 /(g·d⁻¹)
250	0.5	5.13	20.24	4.06	3.17	25.01	558	232	173	405	20	12
	0.6	5.37	20.24	5.05	3.35	27.03	599	232	206	438	23	13
	0.7	5.62	20.24	6.12	3.53	28.53	637	232	237	469	25	14
	0.8	5.87	20.24	7.27	3.76	30.38	672	232	268	500	28	15
	0.9	6.11	20.24	8.51	4.02	32.47	711	232	298	530	30	15
	1.0	6.36	20.24	9.86	4.33	34.98	746	232	326	558	33	17
275	0.0	4.19	21.74	0.00	2.40	19.37	372	249	0	249	9	9
	0.3	4.96	21.74	2.50	3.10	25.06	501	249	107	356	16	11
	0.4	5.21	21.74	3.45	3.27	26.40	543	249	141	391	18	12
	0.5	5.47	21.74	4.47	3.45	27.87	581	249	175	424	20	13
	0.6	5.72	21.74	5.56	3.65	29.46	619	249	208	457	23	14
	0.7	5.98	21.74	6.73	3.85	31.09	657	249	239	488	25	14
	0.8	6.23	21.74	7.99	4.10	33.10	696	249	270	519	28	15

续表

LBW /kg	ADG /(kg·d^{-1})	DMI /(kg·d^{-1})	NEm /(MJ·d^{-1})	NEg /(MJ·d^{-1})	RND /(MJ·d^{-1})	NEmf /(g·d^{-1})	CP /(g·d^{-1})	IDCPm /(g·d^{-1})	IDCPg /(g·d^{-1})	IDCP /(g·d^{-1})	钙 /(g·d^{-1})	磷 /(g·d^{-1})
275	0.9	6.49	21.74	9.36	4.38	35.35	731	249	299	548	30	16
	1.0	6.74	21.74	10.85	4.72	38.07	766	249	327	576	32	17
300	0.0	4.46	23.21	0.00	2.60	21.00	397	266	0	266	10	10
	0.3	5.26	23.21	2.73	3.35	27.07	523	266	109	375	16	12
	0.4	5.53	23.21	3.77	3.54	28.58	565	266	143	409	18	13
	0.5	5.79	23.21	4.87	3.74	30.17	603	266	177	443	21	14
	0.6	6.06	23.21	6.06	3.95	31.88	641	266	210	476	23	14
	0.7	6.32	23.21	7.34	4.17	33.64	679	266	241	507	25	15
	0.8	6.58	23.21	8.72	4.44	35.82	715	266	271	537	28	16
	0.9	6.85	23.21	10.21	4.74	38.24	750	266	300	566	30	17
	1.0	7.11	23.21	11.84	5.10	41.17	785	266	328	594	32	17
325	0.0	4.75	24.65	0.00	2.78	22.43	421	282	0	282	11	11
	0.3	5.57	24.65	2.96	3.59	28.95	547	282	110	393	17	13

续表

LBW /kg	ADG /(kg·d⁻¹)	DMI /(kg·d⁻¹)	NEm /(MJ·d⁻¹)	NEg /(MJ·d⁻¹)	RND /(MJ·d⁻¹)	NEmf /(g·d⁻¹)	CP /(g·d⁻¹)	IDCPm /(g·d⁻¹)	IDCPg /(g·d⁻¹)	IDCP /(g·d⁻¹)	钙 /(g·d⁻¹)	磷 /(g·d⁻¹)
325	0.4	5.84	24.65	4.08	3.78	30.54	586	282	145	427	19	14
	0.5	6.12	24.65	5.28	3.99	32.22	624	282	179	461	21	14
	0.6	6.39	24.65	6.57	4.22	34.06	662	282	212	494	23	15
	0.7	6.66	24.65	7.95	4.46	35.98	700	282	243	526	25	16
	0.8	6.94	24.65	9.45	4.74	38.28	736	282	273	556	28	16
	0.9	7.21	24.65	11.07	5.06	40.88	771	282	302	584	30	17
	1.0	7.49	24.65	12.82	5.45	44.02	803	282	329	611	32	18
350	0.0	5.02	26.06	0.00	2.95	23.85	445	299	0	299	12	12
	0.3	5.87	26.06	3.19	3.81	30.75	569	299	118	416	17	14
	0.4	6.15	26.06	4.39	4.02	32.47	607	299	155	454	19	14
	0.5	6.43	26.06	5.69	4.24	34.27	645	299	191	490	21	15
	0.6	6.72	26.06	7.07	4.49	36.23	683	299	226	524	23	16
	0.7	7.00	26.06	8.56	4.74	38.24	719	299	259	558	25	16

续表

LBW /kg	ADG /($kg \cdot d^{-1}$)	DMI /($kg \cdot d^{-1}$)	NEm /($MJ \cdot d^{-1}$)	NEg /($MJ \cdot d^{-1}$)	RND /($MJ \cdot d^{-1}$)	NEmf /($g \cdot d^{-1}$)	CP /($g \cdot d^{-1}$)	IDCPm /($g \cdot d^{-1}$)	IDCPg /($g \cdot d^{-1}$)	IDCP /($g \cdot d^{-1}$)	钙 /($g \cdot d^{-1}$)	磷 /($g \cdot d^{-1}$)
350	0.8	7.28	26.06	10.17	5.04	40.71	757	299	290	589	28	17
	0.9	7.57	26.06	11.92	5.38	43.47	789	299	320	619	30	18
	1.0	7.85	26.06	13.81	5.80	46.82	824	299	348	646	32	18
375	0.0	5.28	27.44	0.00	3.13	25.27	469	314	0	314	12	12
	0.3	6.16	27.44	3.41	4.04	32.59	593	314	115	429	18	14
	0.4	6.45	27.44	4.71	4.26	34.39	631	314	151	465	20	15
	0.5	6.74	27.44	6.09	4.50	36.32	669	314	185	500	22	16
	0.6	7.03	27.44	7.58	4.76	38.41	704	314	219	533	24	17
	0.7	7.32	27.44	9.18	5.03	40.58	743	314	250	565	26	17
	0.8	7.62	27.44	10.9	5.35	43.18	778	314	280	595	28	18
	0.9	7.91	27.44	12.77	5.71	46.11	810	314	308	622	30	19
	1.0	8.20	27.44	14.79	6.15	49.66	845	314	333	648	32	19
400	0.0	5.55	28.80	0.00	3.31	26.74	492	330	0	330	13	13

续表

LBW /kg	ADG /(kg·d⁻¹)	DMI /(kg·d⁻¹)	NEm /(MJ·d⁻¹)	NEg /(MJ·d⁻¹)	RND /(MJ·d⁻¹)	NEmf /(g·d⁻¹)	CP /(g·d⁻¹)	IDCPm /(g·d⁻¹)	IDCPg /(g·d⁻¹)	IDCP /(g·d⁻¹)	钙 /(g·d⁻¹)	磷 /(g·d⁻¹)
400	0.3	6.45	28.8	3.64	4.26	34.43	613	330	111	441	18	15
	0.4	6.76	28.8	5.02	4.50	36.36	651	330	146	476	20	16
	0.5	7.06	28.8	6.50	4.76	38.41	689	330	180	510	22	16
	0.6	7.36	28.8	8.08	5.03	40.58	727	330	211	541	24	17
	0.7	7.66	28.8	9.79	5.31	42.89	763	330	242	572	26	17
	0.8	7.96	28.8	11.63	5.65	45.65	798	330	270	600	28	18
	0.9	8.26	28.8	13.62	6.04	48.74	830	330	296	626	29	19
	1.0	8.56	28.8	15.78	6.50	52.51	866	330	319	649	31	19
450	0.0	6.06	31.46	0.00	3.89	31.46	537	361	0	361	12	12
	0.3	7.02	31.46	4.10	4.40	35.56	625	361	105	465	18	14
	0.4	7.34	31.46	5.65	4.59	37.11	653	361	137	498	20	15
	0.5	7.65	31.46	7.31	4.80	38.77	681	361	168	528	22	16
	0.6	7.97	31.46	9.09	5.02	40.55	708	361	197	557	24	17

续表

LBW /kg	ADG /(kg·d^{-1})	DMI /(kg·d^{-1})	NEm /(MJ·d^{-1})	NEg /(MJ·d^{-1})	RND /(MJ·d^{-1})	NEmf /(g·d^{-1})	CP /(g·d^{-1})	IDCPm /(g·d^{-1})	IDCPg /(g·d^{-1})	IDCP /(g·d^{-1})	钙 /(g·d^{-1})	磷 /(g·d^{-1})
450	0.7	8.29	31.46	11.01	5.26	42.47	734	361	224	585	26	17
	0.8	8.61	31.46	13.08	5.51	44.54	759	361	249	609	28	18
	0.9	8.93	31.46	15.32	5.79	46.78	784	361	271	632	30	19
	1.0	9.25	31.46	17.75	6.09	49.21	808	361	291	652	32	19
500	0.0	6.56	34.05	0.00	4.21	34.05	582	390	0	390	13	13
	0.3	7.57	34.05	4.55	4.78	38.60	662	390	98	489	18	15
	0.4	7.91	34.05	6.28	4.99	40.32	687	390	128	518	20	16
	0.5	8.25	34.05	8.12	5.22	42.17	712	390	156	547	22	16
	0.6	8.58	34.05	10.10	5.46	44.15	736	390	183	573	24	17
	0.7	8.92	34.05	12.23	5.73	46.28	760	390	207	597	26	17
	0.8	9.26	34.05	14.53	6.01	48.58	783	390	228	618	28	18
	0.9	9.60	34.05	17.02	6.32	51.07	805	390	247	637	29	19
	1.0	9.93	34.05	19.72	6.65	53.77	827	390	263	653	31	19

表 10–5　妊娠母牛的每日营养需要

体重/kg	妊娠月份	DMI /($kg\cdot d^{-1}$)	NEm /($MJ\cdot d^{-1}$)	NEc /($MJ\cdot d^{-1}$)	RND	NEmf /($MJ\cdot d^{-1}$)	CP /($g\cdot d^{-1}$)	IDCPm /($g\cdot d^{-1}$)	IDCPc /($g\cdot d^{-1}$)	IDCP /($g\cdot d^{-1}$)	钙 /($g\cdot d^{-1}$)	磷 /($g\cdot d^{-1}$)
300	6	6.32	23.21	4.32	2.80	22.60	409	266	28	294	14	12
	7	6.43	23.21	7.36	3.11	25.12	477	266	49	315	16	12
	8	6.60	23.21	11.17	3.50	28.26	587	266	85	351	18	13
	9	6.77	23.21	15.77	3.97	32.05	735	266	141	407	20	13
350	6	6.86	26.06	4.63	3.12	25.19	449	299	30	328	16	13
	7	6.98	26.06	7.88	3.45	28.87	517	299	53	351	18	14
	8	7.15	26.06	11.97	3.87	31.24	627	299	91	389	20	15
	9	7.32	26.06	16.89	4.37	35.30	775	299	151	450	22	15
400	6	7.39	28.80	4.94	3.43	27.69	488	330	32	362	18	15
	7	7.51	28.80	8.40	3.78	30.56	556	330	56	386	20	16
	8	7.68	28.80	12.76	4.23	34.13	666	330	97	427	22	16
	9	7.84	28.80	18.01	4.76	38.47	814	330	161	491	24	17

续表

体重/kg	妊娠月份	DMI/(kg·d⁻¹)	NEm/(MJ·d⁻¹)	NEc/(MJ·d⁻¹)	RND	NEmf/(MJ·d⁻¹)	CP/(g·d⁻¹)	IDCPm/(g·d⁻¹)	IDCPc/(g·d⁻¹)	IDCP/(g·d⁻¹)	钙/(g·d⁻¹)	磷/(g·d⁻¹)
450	6	7.90	31.46	5.24	3.73	30.12	526	361	34	394	20	17
	7	8.02	31.46	8.92	4.11	33.15	594	361	60	420	22	18
	8	8.19	31.46	13.55	4.58	36.99	704	361	103	463	24	18
	9	8.36	31.46	19.13	5.15	41.58	852	361	171	532	27	19
500	6	8.40	34.05	5.55	4.03	32.51	563	390	36	426	22	19
	7	8.52	34.05	9.45	4.43	35.72	631	390	63	453	24	19
	8	8.69	34.05	14.35	4.92	39.76	741	390	109	499	26	20
	9	8.86	34.05	20.25	5.53	44.62	889	390	181	571	29	21
550	6	8.89	36.57	5.86	4.31	34.83	599	419	37	457	24	20
	7	9.00	36.57	9.97	4.73	38.23	667	419	67	486	26	21
	8	9.17	36.57	15.14	5.26	42.47	777	419	115	534	29	22
	9	9.34	36.57	21.37	5.90	47.62	925	419	191	610	31	23

表 10-6 哺乳母牛的每日营养需要量

体重/kg	DMI/(kg·d^{-1})	FCM/(kg·d^{-1})	NEm/(MJ·d^{-1})	NEc/(MJ·d^{-1})	RND/(MJ·d^{-1})	NEmf/(g·d^{-1})	CP/(g·d^{-1})	IDCPm/(g·d^{-1})	IDCPL/(g·d^{-1})	IDCP/(g·d^{-1})	钙/(g·d^{-1})	磷/(g·d^{-1})
300	4.47	0	23.21	0.00	3.50	28.31	332	266	0	266	10	10
	5.82	3	23.21	9.41	4.92	39.79	587	266	142	408	24	14
	6.27	4	23.21	12.55	5.40	43.61	672	266	190	456	29	15
	6.72	5	23.21	15.69	5.87	47.44	757	266	237	503	34	17
	7.17	6	23.21	18.83	6.34	51.27	842	266	285	551	39	18
	7.62	7	23.21	21.97	6.82	55.09	927	266	332	598	44	19
	8.07	8	23.21	25.10	7.29	58.92	1 012	266	379	645	48	21
	8.52	9	23.21	28.24	7.77	62.75	1 097	266	427	693	53	22
	8.97	10	23.21	31.38	8.24	66.57	1182	266	474	740	58	23
350	5.02	0	26.06	0.00	3.93	31.78	372	299	0	299	12	12
	6.37	3	26.06	9.41	5.35	43.26	627	299	142	441	27	16
	6.82	4	26.06	12.55	5.83	47.08	712	299	190	488	32	17
	7.27	5	26.06	15.69	6.30	50.91	797	299	237	536	37	19

续表

体重/kg	DMI/(kg·d⁻¹)	FCM/(kg·d⁻¹)	NEm/(MJ·d⁻¹)	NEc/(MJ·d⁻¹)	RND/(MJ·d⁻¹)	NEmf/(g·d⁻¹)	CP/(g·d⁻¹)	IDCPm/(g·d⁻¹)	IDCPL/(g·d⁻¹)	IDCP/(g·d⁻¹)	钙/(g·d⁻¹)	磷/(g·d⁻¹)
350	7.72	6	26.06	18.83	6.77	54.74	882	299	285	583	42	20
	8.17	7	26.06	21.97	7.25	58.56	967	299	332	631	46	21
	8.62	8	26.06	25.10	7.72	62.39	1 052	299	379	678	51	23
	9.07	9	26.06	28.24	8.20	66.22	1 137	299	427	725	56	24
	9.52	10	26.06	31.38	8.67	70.04	1 222	299	474	773	61	25
400	5.55	0	28.80	0.00	4.35	35.12	411	330	0	330	13	13
	6.90	3	28.80	9.41	5.77	46.60	666	330	142	472	28	17
	7.35	4	28.80	12.55	6.24	50.43	751	330	190	520	33	18
	7.80	5	28.80	15.69	6.71	54.26	836	330	237	567	38	20
	8.25	6	28.80	18.83	7.19	58.08	921	330	285	615	43	21
	8.70	7	28.80	21.97	7.66	61.91	1 006	330	332	662	47	22
	9.15	8	28.80	25.10	8.14	65.74	1 091	330	379	709	52	24
	9.60	9	28.80	28.24	8.61	69.56	1176	330	427	757	57	25

续表

体重 /kg	DMI /(kg·d⁻¹)	FCM /(kg·d⁻¹)	NEm /(MJ·d⁻¹)	NEc /(MJ·d⁻¹)	RND /(MJ·d⁻¹)	NEmf /(g·d⁻¹)	CP /(g·d⁻¹)	IDCPm /(g·d⁻¹)	IDCPL /(g·d⁻¹)	IDCP /(g·d⁻¹)	钙 /(g·d⁻¹)	磷 /(g·d⁻¹)
400	10.05	10	28.80	31.38	9.08	73.39	1 261	330	474	804	62	26
450	6.06	0	31.46	0.00	4.75	38.37	449	361	0	361	15	15
	7.41	3	31.46	9.41	6.17	49.85	704	361	142	503	30	19
	7.86	4	31.46	12.55	6.64	53.67	789	361	190	550	35	20
	8.31	5	31.46	15.69	7.12	57.50	874	361	237	598	40	22
	8.76	6	31.46	18.83	7.59	61.33	959	361	285	645	45	23
	9.21	7	31.46	21.97	8.06	65.15	1 044	361	332	693	49	24
	9.66	8	31.46	25.10	8.54	68.98	1129	361	379	740	54	26
	10.11	9	31.46	28.24	9.01	72.81	1 214	361	427	787	59	27
	10.56	10	31.46	31.38	9.48	76.63	1 299	361	474	835	64	28
500	6.56	0	34.05	0.00	5.14	41.52	486	390	0	390	16	16
	7.91	3	34.05	9.41	6.56	53.00	741	390	142	532	31	20
	8.36	4	34.05	12.55	7.03	56.83	826	390	190	580	36	21

续表

体重/kg	DMI/(kg·d^{-1})	FCM/(kg·d^{-1})	NEm/(MJ·d^{-1})	NEc/(MJ·d^{-1})	RND/(MJ·d^{-1})	NEmf/(g·d^{-1})	CP/(g·d^{-1})	IDCPm/(g·d^{-1})	IDCPL/(g·d^{-1})	IDCP/(g·d^{-1})	钙/(g·d^{-1})	磷/(g·d^{-1})
500	8.81	5	34.05	15.69	7.51	60.66	911	390	237	627	41	23
	9.26	6	34.05	18.83	7.98	64.48	996	390	285	675	46	24
	9.71	7	34.05	21.97	8.45	68.31	1 081	390	332	722	50	25
	10.16	8	34.05	25.10	8.93	72.14	1 166	390	379	770	55	27
	10.61	9	34.05	28.24	9.40	75.96	1 251	390	427	817	60	28
	11.06	10	34.05	31.38	9.87	79.79	1 336	390	474	864	65	29
550	7.04	0	36.57	0.00	5.52	44.60	522	419	0	419	18	18
	8.39	3	36.57	9.41	6.94	56.08	777	419	142	561	32	22
	8.84	4	36.57	12.55	7.41	59.91	862	419	190	609	37	23
	9.29	5	36.57	15.69	7.89	63.73	947	419	237	656	42	25
	9.74	6	36.57	18.83	8.36	67.56	1 032	419	285	704	47	26
	10.19	7	36.57	21.97	8.83	71.39	1 117	419	332	751	52	27
	10.64	8	36.57	25.10	9.31	75.21	1 202	419	379	799	56	29
	11.09	9	36.57	28.24	9.78	79.04	1 287	419	427	846	61	30
	11.54	10	36.57	31.38	10.26	82.87	1 372	419	474	893	66	31

参考文献

[1] 安立龙. 家畜环境卫生学[M]. 北京:高等教育出版社,2004.

[2] 董宽虎,沈益新. 饲草生产学[M]. 北京:中国农业出版社,2003.

[3] 农业行业标准:肉牛饲养标准,NY/T 815—2004,北京:中华人民共和国农业部,2004-09-01.

[4] 张巧娥. 肉牛养殖常见问题解答 [M]. 银川: 阳光出版社,2020.

[5] 陈亮. 优质饲草栽培利用与秸秆加工调制技术 [M]. 银川:阳光出版社,2016.

[6] 莫放. 养牛生产学[M]. 北京:中国农业大学出版社,2010.